アメリカの戦争と在日米軍

日米安保体制の歴史

藤本博
島川雅史
編著

アメリカの戦争と在日米軍●目次

1 朝鮮戦争と講和・安保条約
——在日米軍・米軍基地との関連で

森田英之 *Morita Hideyuki*

1 アジア・太平洋国家としてのアメリカ

今日アメリカはアジアに強大な軍事的プレゼンスを維持し続けている。第二次大戦で日本と三年半にわたって戦ったし、戦後ヨーロッパで冷戦が進展した間に、アジアで熱戦を展開した。アメリカが間接的に介入した中国の内戦も大規模な熱戦であったし、第一次インドシナ戦争や朝鮮戦争、それに一九六〇年代後半に本格化するヴェトナム戦争も熱戦であった。ではなぜアメリカはこの半世紀あまりの間に、アジアの民族と大規模な戦争を幾度も戦い、冷戦が終了した今日に至っても、強大な軍事基地を日本などに保持し、日本を含むアジア諸国と軍事同盟を維持し続けているのであろうか。この章では朝鮮戦争と日米関係を検討するが、たとえば、ヴェトナム戦争は第二の朝鮮戦争といわれているように、[1]アメリカが参戦したこれらの戦争と軍事同盟・軍事基地を維持するアメリカの事情の間には、重大な関連があることが推察される。それゆえ、まず米国のアジア介入の歴史を、概略検討してみよう。

南北戦争後アメリカは急速に経済的拡張を遂げた。しかし一八九〇年代になるとアメリカ資本主義発展の基盤であったフロンティアが消滅し、国民は重苦しい閉塞感に襲われた。自国経済の発展と、フロンティアの喪失からくる国中を覆う危機的状態を抜け出すには、さらに西へ進み、太平洋を越えてアジア大陸に、新たなフロンティアをアメリカ国民は獲得する必要があった。このような窮迫した国内事情のさなか、近隣のキューバで独立運動が起こった。アメリカの国論は沸き、スペインの圧政に耐えかね自由のために立ち上がったキューバ島民を支援すべく、官民を問わず介入した。独立運動に干渉したアメリカは、一八九八年スペインと米西戦争を戦い、プエルト・リコそれにグアム、フィリピンを獲得し、アジア大陸進出の重要な足掛かりを得た。

ついでアメリカは一八九九年と翌年に、その数年前から大挙して中国に押し寄せ帝国主義的諸利権を獲得した日本を含む列強に対し、一計を案じて門戸開放通牒を発し、武力を行使せずして、列強とほぼ同等の通商および国内開発等の権益を中国で持つことに成功した。こうしてアメリカは二〇世紀に入ると、資源に富むアジア・太平洋に、確かな地歩を持つ巨大な帝国へと、国家の姿を変貌させていくことになる。[2]

第一次大戦後も、アメリカはこの体制を堅持しようとした。一九二一年一一月から翌年の二月にかけワシントン軍縮会議を主催したが、その会議で日本を含む列強と九カ国条約を結び、門戸開放政策で獲得した二つの権益、つまり中国での機会均等な商業・通商活動の自由と、この国を一国で支配しない保障を列強に確認させた。一九三一年日本が満州事変を起こし、中国の一部である満州を独占的に支配したことに対し、米国は国務長官の名でスチムソン・ドクトリンを発し、不快感を露にした。アメリカは日本一国による中国支配を承認しない旨を声明して、日本を強く牽制したのであった。

六年後の一九三七年、日本が本格的に中国を侵略するにおよんで、米国は日本との対決を決意するにいたる。以後アメリカにとって、自国の第二のフロンティアである中国と、そこに至る航路を守ることが国家の重大目標となり、大東亜共栄圏構想を達成して、中国を含むアジア・西太平洋を自国の支配下におこうとする日本は、たとえ軍事力をもってしても排除すべき脅威となったのである。一九四一年一二月八日の真珠湾攻撃は、アメリカにとってこの脅威を一掃する好機でもあった。アメリカは侵略的軍国主義国家日本と三年半にもおよぶ太平洋戦争を戦い、これに勝利して、日本の軍事的・商業的勢力をアジア大陸から一掃することに成功した。しかしアメリカは、大戦末期対日戦に参戦したソ連軍に中国の主要部分を実効支配されるのを恐れて、手にしたばかりの驚異的な破壊力をもつ原爆を投下して日本の軍部に降伏を強く迫る一方、ソ連の南進を強く牽制した(3)。その意味では、アメリカの対日戦の勝利は、きわどく達成されたといえた。

すでに見たように、アメリカにとって太平洋戦争は、太平洋の軍事上・交易上の安全を確保し、豊富な資源と莫大な潜在的消費人口を持つ第二のフロンティアである中国を、日本から奪い返す戦いでもあった。対日戦で勝利し、日本をアジア大陸から追い出すことに成功したアメリカは、この安全を永続的に維持するため、戦後日本を占領し、侵略的な軍事大国であった日本の政治・経済構造に大規模な武装解除を施し民主化した。同時に日本国内の主要な基地を接収し、日本全土に多数の基地や軍事施設を築いた。またイギリスが、国力の衰退によってアジア大陸から撤退を余儀なくされると、今や名実ともアジア・太平洋国家となったアメリカは、自国資本主義が発展する確かな展望を得ることができた。

しかし大戦の終了とともにアジアでは、それまでさほど顕在化しなかった革命運動が、一斉に噴出し始めた。それは内外の諸勢力によって抑圧され搾取された諸民族による反帝国主義・反植民地主義・反地主の民族解放運動であり、この革命運動は、まだ封建的遺制が圧倒的に残る農村地帯であった大戦後のアジアを、根底から揺り動かすことになった。戦後中国の内戦が本格化したので、その波は中国に接するヴェトナムや朝鮮へと波及していった。アジア・太平洋地域の大国となったアメリカは、必然的に貧農を主体とするアジア民衆の解放運動と直面することになったのであった。

アメリカにとっての選択は、解放運動を受け入れるか、それともこれと対決するかであった。腐敗した蔣介石政権が日本軍に有効に対抗できなかったこともあり、ローズベルト政権は、大戦中の一九四四年、抗日戦に積極的で民族解放闘争を進める中国共産党に接近していった。しかし蔣介石政権と深い利害関係にある共和党保守派による執拗な妨害に遇い、さらに四五年四月民主党右派のトルーマンが政権に就いたこともあって、大戦後期良好であった米・中共関係の糸はしだいに切断されていった(4)。結局親中共的なアメリカのリベラル派は、中国政策から排除されることになるが、日本占領には一定の影響を与えることになった。彼らはアジアの民衆の一部を形成する日本民衆の解放をも、意欲的に志向していたからである。初期日本占領政策の急進化は、アジアの解放を望んだオーエン・ラティモアなどのアジア問題専門家や、同様なアジア観を持つ外交官たちの努力に負うところも無視できないといえよう(5)。

大戦が終了して四年後の一九四八年、アジアは、再び激動の時期を迎えていた。戦後日本に急進的な非武装化＝民主化政策を推進して、民衆を戦争に駆り立てることのない社会体制を創り、日本の庶民に希望を与えたはずのアメリカ自体が、いつの間にか冷戦という冷酷な戦争にのめり込んでいた。冷戦の進化にともない、一九四八年一月ロイヤル陸軍長官によってなされた日本防波堤発言などに見られるように、日本の民主化より、ソ連などの社会主義勢力の攻勢から自国資本主義を防衛するための道具体として、アメリカは日本を利用しようとしていた。このことに危惧感をいだいた日本民衆とリベラルな知識人たちは、平和で民主的な国家を建設しようとした。

日本敗北後日本帝国主義の支配から解放された朝鮮半島南部では、激化する中国革命やマッカーサーによる秘密警察の廃止、労働者の解放、地主制度の廃止などの日本における急進的な民主化政策実施の影響も多分に受け、済州島蜂起に見られるような民衆騒乱が頻発していた。一九四八年八月にはアメリカの後ろ盾を得て、財界・地主を支持層にもつ李承晩が大韓民国をたて、翌月の同年九月にはそれと対決色の強いソ連の支持を受けた朝鮮民主主義人民共和国ができた。両国は朝鮮半島で南北に別れ対峙し、相互に相手を倒し民族統一を実現させようとして、軍事的緊張を高めていった。四九年九月にはソ連が原爆の保有を公表し、アメリカの核独占体制を崩した。また同年一〇月には中華人民共和国が宣言され、民族解放闘争を戦った勢力が、北東アジアの中心部分である中国で勝利した。そして中ソは翌年に友好同盟相互援助条約を結び、西側諸国と確実に対抗できる社会主義陣営の陣容が整った。この急転する国際環境の中、朝鮮半島の政治的雰囲気にも確実に変化が起きた。いまだ占領下にあったとはいえ、影響は避け難く、日本は好むと好まざるに係わらず、この激流に巻き込まれることになった。

2 在日米軍・米軍基地

一九五〇年になると朝鮮半島においてばかりでなく北東アジア全域で、社会主義陣営と資本主義陣営との対立図式がほぼ明確となったが、この時点で朝鮮戦争が起きた。高性能のソ連製戦車や航空機で武装し、ソ連顧問団の指導を受け入念に準備した北朝鮮軍は、同年六月二五日の未明三八度線の全線において一斉に攻撃を開始し、戦車も持たない軽装備の韓国軍の防衛線を瞬く間に突破した。三日後の六月二八日にはソウルが陥落した。

日本はまだ占領下にあり、日本占領の連合国最高司令官（SCAP）であるマッカーサーと総司令部（GHQ、在=東京日比谷第一生命ビル）が統治していた。しかしマッカーサーはSCAPであると同時に、四七年に東京に創設された極東軍司令部の極東軍総司令官も兼ねていた。極東軍司令部には、日本占領の任務に当たる第八米国陸軍（以後第八軍と略記）と極東海軍、極東空軍等の司令部があった。その守備範囲には日本、琉球列島、それにフィリピンまでが入っていた(6)。

朝鮮戦争の勃発に直面して、米軍の出撃は迅速だった。戦争勃発の翌日の六月二六日、トルーマン大統領は、マッカーサーに極東米海空軍の朝鮮出動を指令した。二八日にはB26爆撃機が北朝鮮軍攻撃へ発進した[7]。二九日マッカーサーはサザーランド参謀長を伴ってソウル近郊の空港へ飛び、そこで韓国軍の潰走する戦場を視察した。東京へ帰ると、彼は北朝鮮軍の進撃は「共和国崩壊の深刻な脅威」である旨を本国へ打電した[8]。これを受けアメリカ政府は六月三〇日、韓国軍支援のため米地上軍の投入を決定した。マッカーサーは第八軍司令官ウォルトン・H・ウォーカー中将に朝鮮への部隊派遣を命じた。

開戦時第八軍には四個師団五万人余りがいた。七月一日、まず朝鮮に最も近い九州の第二四歩兵師団（司令部小倉）の熊本基地にいたスミス支隊四〇〇名余りが、第一陣として福岡の板付飛行場から釜山へ緊急に空輸され、前線の大田地区へ向かった。また同師団一万五〇〇〇名は七月三日までに佐世保から海路出動した。ついで七月中旬までに第二五歩兵師団（司令部大阪）と関東にいた第一騎兵師団（司令部朝霞）も出撃していった。ソ連の脅威に備えて東北・北海道にいた第七歩兵師団は残したが、それを除くほぼ全軍が朝鮮に緊急出動した。また本国から増援部隊が次々と派遣され、それらの多くが日本各地の演習場で演習を重ね、物資の補給をして出撃していった[9]。

日本から韓国へ急派された各師団は、長く占領業務に従事して訓練が不足していたばかりか、大部分が実戦の経験のない新兵で構成されていた。またその装備兵器も第二次大戦で使用された旧式、老朽なものであり、北朝鮮軍のソ連製のT34戦車に対しては、米軍のバズーカ砲などの対戦車兵器は、全く効果がなかった。破竹の勢いで南下する北朝鮮軍に米軍も撃破された。朝鮮半島南端に追いつめられた第八軍の司令官ウォーカーは、七月中旬から下旬にかけて、半円形のいわゆる釜山橋頭堡を築き、辛くも朝鮮半島の一角に踏みとどまった。

以上見たように日本は米地上軍の出撃基地となったが、朝鮮に発進する米空軍の主要な基地ともなった。極東空軍はフィリピンのクラーク基地に駐屯する第一三空軍と嘉手納の第二〇空軍、それに名古屋の第五空軍からなっていて、一一七二機を擁していた。日本本土には三沢、横田、埼玉県のジョンソン基地などの空軍基地があった。戦争の勃発とともに、戦闘機、戦闘爆撃隊が九州の板付と芦屋に移動し、ただちに韓国軍支援のため出撃した。主要目標は伸びきった人民軍の補給路を遮断することにあった。したがって米空軍は、韓国内の戦略施設はもちろんであるが、初期の段階から平壌、元山などの三八度線以北の橋や操車場、それに工業地帯も攻撃の対象にしていた。この空からの攻撃にはグアムから移動したＢ２９爆撃機も嘉手納から出撃したし、八月に入るとアメリカ本土からＢ２９爆撃大隊がそれぞれ横田と嘉手納に到着し、北朝鮮内の補給物資とソウルと前線との間にある主要な橋梁のほとんどを破壊した。[10]こうして日本の基地を発進する米空軍は波状的に出撃し、朝鮮人民軍の進撃の勢いを弱め、第八軍による釜山橋頭堡の確保に重要な役割を果たしたのであった。

朝鮮戦争が起きたとき、極東海域を任務とする米国海軍は、極東艦隊と第七艦隊であった。第七艦隊は空母艦隊を持ち中国革命の進展で激動するアジア情勢を見据え示威的な作戦行動に就いていたが、朝鮮戦争の勃発後ただちに台湾海峡に出動した。

第二次大戦後、米国は国民の強い要望で大幅に動員解除した。冷戦が開始しても米国は動員をせず、国防の中心を原爆搭載の戦略爆撃機に置く戦略を採った。また海軍不要論が有力となり保有艦艇も大幅に縮小された。新型空母の建造もアメリカ議会の強力な反対に遇い、計画は頓挫していた。極東艦隊も縮小されており、陣容は水陸両用戦部隊（旗艦マウント・マッキンレー）と、巡洋艦一隻、駆逐艦四隻、それに掃海艇六隻で構成されていて、横須賀と佐世保を基地としていた(11)。

しかし朝鮮で戦争が起こると通常兵器を駆使しての地上戦が主体となり、ピーク時に陸軍・海兵あわせて九個師団にも達した兵員と武器・弾薬の輸送、それに上陸作戦および撤退作戦の遂行には、艦艇が不可欠となった。開戦後には第七艦隊が編入され、その大型空母を含む一七の空母が参戦し、のべ四〇〇隻以上の艦船が極東海軍の指揮下におかれた(12)。また補給基地としての海軍基地の役割が重要となった。

朝鮮戦争が勃発して一月後の一九五〇年七月二五日、佐世保に国連軍佐世保地区司令部が設置された。これは戦争の勃発で横須賀と佐世保の二つの基地の重要度が、逆転したためだった。佐世保は釜山に五〇〇マイルの距離であり、前線に最も近い補給基地であった。全国でも最も広いといわれる佐世保港は、休戦が成立するまで、常時百数十隻の国連軍の艦船でうめつくされていると言われるような混雑ぶりであった。とりわけ仁川上陸作戦時には、混雑はピークに達していた。佐世保は補給はもとより集積・出撃の基地としての重要性があった(13)。

3　朝鮮戦争の勃発と警察予備隊の創設

すでに見たように、戦争の勃発で東北・北海道に駐屯する第七歩兵師団を除く、第八軍のほぼ全軍が朝鮮に緊急出動した。そもそも第二次大戦後急速で大規模な復員を実施したアメリカには、この時期ドイツ駐留の師団を含め、一一師団六〇万の地上兵力しかいなかった[14]。しかも朝鮮における熱戦の勃発で西ヨーロッパに動揺が起こるのを防止する目的もあり、前年四月に結成されたばかりの北大西洋条約機構（NATO）に四個師団を急派したため、アメリカは兵力不足に苦しむことになった[15]。本国から日本へ到着する米地上軍も、訓練を受けると次々と朝鮮の戦場へ送られていった。

第八軍が朝鮮へ出動すると、アメリカが世界戦略上ドイツと対にして重大視していた関東から北九州にかけての日本の主要工業地帯が、軍事的には空白状態におかれることになった。日本占領に他の米地上部隊を割けないことを即座に認識したマッカーサーは、米統合参謀本部（JCS）の意向も考慮し、この軍事的空白を埋めるために日本人を活用しようと決意した。

マッカーサーは自己の指導の下に起草させた日本国憲法を順守する意志であったので、日本の非武装化を主張していた。しかし彼は一九五〇年に入ると、四九年の危機を体験したこともあり、憲法は自衛権を否定しないと公言するようになっていた[16]。ウォーカーが第八軍の指揮を執るため日本を立つ直前、マッカーサーはウォーカーらと作戦会議をもったが、翌日の七月八日マッカーサーは吉田首相宛に「日本警察力の増強に関する書簡」を発した。なおこの日彼は国連軍司令官に任命されている。

吉田首相に発したマッカーサー・メモの内容は、七万五〇〇〇名で構成される国家警察予備隊の創設と、海上保安庁の人員を八〇〇〇名増加するするというものであった。治安を危惧しかねてより警察の増員を要請していた吉田はGHQ指令を受け、その日のうちに警察予備隊をポツダム政令によって創設することを決定した。マッカーサーは一〇日後の七月一七日、警察予備隊の性格を「事変、暴動等に備える治安警察隊」のそれであると書簡で日本政府に伝え、警察予備隊が、通常の警察ではなく占領軍が持っていた軍事的任務を引き継ぐため創設される治安維持・国土防衛の目的をもつ地上兵力であることを明確にした[17]。八月七日閣議は「警察予備隊令」を決定、一〇日後に公布、施行した。ここに日本再軍備の幕が切って落とされたのであった。

4 朝鮮戦争と講和・安保条約

北東アジアの主要部分を占める中国では、戦後まもなく共産党と国民党の間で内戦が激化した。アメリカは、日本軍国主義の破壊後、蔣介石指導の中国をアジア政策の中心に位置付けて、極東における自国の通商・軍事上の勢力圏を維持しようと構想していた。一九四七年までは、アメリカが軍事支援した蔣介石が率いる地主層を基盤とする国民党が優勢であった。しかし四七年秋になると、反米姿勢を強めていった中国共産党[18]が各地で反撃に転じ、四九年一〇月には台湾を除く全中国の統治権を掌握、中華人民共和国を樹立した。毛沢東に指導された中国革命が成功するにおよんで、米国の戦後アジア政策は、根底から覆されることになった。勢力圏の視点からすると、アメリカは太平洋戦争を戦って、一度日本に奪われたながらも取り戻した中国を、国共内戦に間接的に介入して失敗し、「喪失した」のであった。アメリカは内戦に敗北した蔣介石が台湾に逃れるのを第七艦隊を出動させ支援したが、それは中国国内問題への公然たる介入であり、また自国勢力のアジア大陸からの全面的な撤退を意味していた。

「中国の喪失」(Loss of China) は、アジアにおける巨大な潜在力を持つマーケットと豊かな資源、それに対ソ包囲網の重大な一角の喪失を意味した。そのアメリカ国内への影響は甚大であり、一九五〇年代前半に展開するきわめて深刻な政争の火種ともなった。アジア大陸から撤退を余儀なくされたアメリカは、日本が極東政策上の重要な位置にあることを認識するようになった。かくして日本占領に終止符を打ち、日本を親ソ的でない独立国家として国際社会に再登場させる対日講和問題が、米国極東政策の最重要課題の一つとなった。トルーマンは、「中国の喪失」問題で共和党から攻撃されるのを避ける必要もあり、四月同党の大物指導者で外交通のジョン・フォスター・ダレスを国務省顧問として招き、一九五〇年五月、対日講和問題の担当者に任命した。

かつて大戦中および大戦後、対日占領の実施に向け外交を担当する国務省と軍事戦略部門の任務にあたる陸軍・海軍両省の主張を調整して政策を形成したように、日本との戦争状態に終止符を打つ対日講和の検討においても、国務省と国防総省・統合参謀本部（JCS）のそれぞれの見解・政策を調整する必要があった。アメリカをはじめとする連合国にとって対日講和も、自国の政治的利害と軍事的なそれの両面を考慮して実現すべき問題であった。

ダレスが対日講和の担当者に任命された五〇年五月の時点でも、ＪＣＳは対日講和は時期尚早と判断していた。それゆえ国防省とＪＣＳは、それまで日本の中立化を主張していたマッカーサーに講和問題で協議したい旨を伝えた。その結果六月初旬までにはマッカーサーも、ＪＣＳの在日米軍基地確保という要求を考慮するようになり、米軍の日本駐留に同意した[19]。一方ダレスも対日講和の推進論者のマッカーサーとの協議が不可欠と判断し、六月下旬来日した。マッカーサーは、対日講和は推進するが、それが実現したあと日本を防衛するアメリカ軍は、日本本土全域における作戦行動の自由を保持する必要があるとダレスに説いた。またダレスと前後して来日したＪＣＳ議長のブラッドレィも、マッカーサーとの会見後、あえて占領継続の必要性を強調しなくなった[20]。

ダレスは、各界の代表者との話し合いにも入るが、そのとき朝鮮戦争が勃発した。戦争の勃発は日本国内でも安全保障問題への関心を高めた。アメリカ本国でも日本の戦略的な重要性が現実味をおびて認識され、アメリカ政府内において、対日講和促進の機運が急速に高まった。しかしすでに見たように、戦争の勃発にともない西欧諸国に四個師団を割かざるをえず、兵力の不足に悩んだＪＣＳは、西側陣営の兵力増強を望んだが、この兵力増強構想は日本人によって編成される兵力も含めていた[21]。

つまりＪＣＳは今や基地駐留権のみならず、日本の再軍備も志向しはじめていた。戦争の勃発で軍事上の必要性を優先したＪＣＳは、朝鮮で戦う国連軍にとって不可欠となった出撃および後方補給基地である日本本土の占領継続と、米軍基地の維持を主張した。加えてソ連の日本進攻があれば、世界戦争に発展すると判断していたアメリカ軍部は、日本の再軍備にも強い関心を向けてゆくことになる。[22]これに対し国務省は独立を求める日本人の対米感情に考慮して、対日講和を実現させることを主張し軍部と対立した。しかし一九五〇年一一月中国人民義勇軍が本格的に参戦し、中国国境付近まで達していた国連軍が、多大の犠牲を出して三八度線以南までわずか二週間で退却を強いられるにおよび、トルーマンは国民に国家非常事態を宣言し、同時に対共産圏への輸出禁止も宣言する事態となった。このような状況の中五〇年一二月一四日、米国は中国・ソ連との全面戦争を想定した、対ソ政策の大転換となる国家安全保障会議決議NSC—68—4を正式に採用した。これによってアメリカは軍事力増強を決断すると同時に、自由主義的なアジア・太平洋諸国と安全保障条約を締結し、これら諸国と協力して共産主義諸国を封じ込めようと計画した。後に見るように対日講和および日米安保条約も、この対ソ・対中封じ込め政策の一環として構想されるようになっていく。

米中戦争の開始という戦争の新たな展開に直面し、今や朝鮮半島からの撤退も視野にいれた統合参謀本部（JCS）は、講和の締結で日本を喪失することを恐れ、対日講和の推進に極度に否定的になった。中国の喪失に加え、南朝鮮、日本の喪失は、極東における米国の軍事的安全保障の全面的な崩壊に繋がると判断された。この時期JCSが作成した文書は、創設された日本の警察予備隊はソ連の攻撃に対抗できないばかりか、内乱活動にも対抗できるか疑わしいと述べ、次のように強調していた。このような状況にある日本は、「軍事的空白」にほかならない。必要なことは日本の自衛能力を強化することである。それまでは平和交渉は行うべきでない。[23]

国務省顧問のダレスは翌五一年一月三日、日本の再軍備と対日講和の延期を主張するJCSと会談をもった。その結果、日本人のナショナリズムに配慮し、日本人の信頼を得ることに心をくだいていたダレスも、独立を達成した後日本が親ソ化するのを極度に警戒するJCSの視点を重視するようになった。かくしてダレスは、日本の再軍備に加え、米軍の基地使用を確保するための日米安保協定を締結するという軍部の主張を講和への条件として取り入れた。これをトルーマン大統領が承認し、対日講和交渉の基本方針が確定した(24)。つまり中国人民義勇軍の大規模な参入で朝鮮戦争の主軸が米中戦争になるにいたって、米国の対日講和の方針は軍部の主張を大幅に受け入れたものとなり、日本再軍備を前提に据えることによって、軍事的な性格を強く打ち出すようになったのである。なお同じ五一年一月の米統合参謀本部（JCS）との会談で、ダレスはJCSの強い要求を受け入れ、沖縄および小笠原諸島をアメリカの戦略的統治下に置くことに合意した。同年二月米国は、前年信託統治下に置くことにした沖縄の、恒久基地化に着手した(25)。

一九五一年一月末大統領特使に任命されたダレスは、上記の米国の基本方針をもって二度目の訪日を果たした。この時期中国・北朝鮮軍はソウル以南も占領していた。日本政府との交渉は、一月二九日から始まったが、ダレスは基本方針に沿い、日本側に厳しく再軍備をせまった。これに対し日本側は、再軍備に関し何ら具体的構想を用意していなかった。首相の吉田茂は、日本は軽装備の通商国家を目指すと主張し、ダレスの要求に頑強に抵抗した。二回目、三回目の会談でも日本側は、警察力や産業力などの再軍備以外の方法でしか協力できないと主張した。しかしダレスは、小規模でも再軍備の出発点となる具体的な兵力を提示するよう繰り返し要求した。講和交渉が行き詰まるのを見た吉田は、四回目となる二月三日の会談で、既存の警察予備隊、海上保安隊とは別個に、総数五万人にのぼる陸、海保安隊を創設し、「自衛企画本部」を置いて、将来の参謀本部に発展させるという再軍備計画の当初措置案を提示した。ダレスはこれを受け入れた。[26] この吉田の再軍備の約束は、その秋調印された日米安保条約の前文にも織り込まれ、以後これを根拠にアメリカは、軍備の強化を日本に強硬に迫ることになる。

この他二月の日米交渉では、米国側が日本本土にある米軍基地を、講和後も米国が無制限に使用するという対日安保条約案を出したが、日本側はこれを承諾した。それに基づいて具体的な折衝がなされ、基本合意を盛り込んだ日米安保条約案と、米軍基地の存続と駐留条件を規定した「行政協定」案の仮調印がなされた。四月になってダレスは三回目になる訪日をし、米国の対戦相手である北京政府とは、日本が外交関係を結ばぬように迫った。吉田はこれを受け入れ、日本の広範な民衆・知識人が要求したソ連・中国を含むすべての旧交戦国と結ぶという、全面講和方式[27]を採らないことを、明確にダレスに約した。七月末米国は、在日米軍の行動範囲を極東全域に拡大可能とする「極東条項」を入れた案文を作成し、日本側に提示した。日本政府はこれも承諾し、交渉を終えた。

一九五一年九月八日、米・英をはじめとする四九カ国が、サンフランシスコで対日講和条約に調印した。東側のソ連、チェコ、ポーランドは出席したが、調印しなかった。吉田茂は責任は自分独りで負うとの思いから、その日随員を伴わず、調印式場からさほど遠くない米第六軍司令部に行き、日米安保条約に調印した。

日米安保条約の下で日本に駐留する米軍と日本の基地は、中ソを封じ込めることによって、極東における米国の軍事的・経済的安全保障を維持するためのものであり、とりわけ米ソ戦という非常事態に即応するためであった。ソ連・中国との敵対関係を継続する目的も持っていた対日講和条約と、これら社会主義諸国の脅威に対応するため米国が日本を含むアジア・太平洋諸国と結んでゆく安保または相互防衛条約はセットになっていた。日米安保条約とほぼ同時期である八月には、米国・フィリピン相互防衛条約をアメリカは締結していたし、九月には太平洋安全保障条約を結び、アジア・太平洋海域の守りを固めたのであった。このことからして明らかなように、日本の基地化および再軍備も、アメリカにとってアジア・太平洋国家である自国を防衛する集団安全保障体制を達成する目的をもつものであった。

5 朝鮮戦争と海上戦力の復活

朝鮮での戦乱の勃発によって触発され、アメリカ軍部と旧日本海軍関係者が共同して、秘密裏に準備した日本武装化の重要なものに、海上兵力である「旧日本海軍」の本格的な復活があった。朝鮮戦争を直接の契機として、海上自衛隊が、旧日本帝国海軍の人的・組織的伝統を基盤として創設された経緯については、関係者へのインタヴューや回想録を基にして読売新聞戦後史班により調査・編集された『昭和戦後史「再軍備」の軌跡(28)』などによって、その概要が知られていた。しかし同書が指摘するように、海軍の「再建計画」がどのようなものであったかを紹介する資料は、長い間一般に知られていなかった。

朝鮮での戦争から半世紀たった二〇〇二年になって、「再建計画」の実態がNHK取材班の努力によって明らかにされることになった。NHKの取材班は、長い交渉の末、これまで海上自衛隊幕僚長室に厳重に保管され、歴代の幕僚長のみしか目にすることが許されなかった極秘文書『海上自衛隊創設の記録』全九巻（以下『創設の記録』と略記）(29)を、閲覧することに成功した。そして同年夏NHKは『NHKスペシャル―こうして海上自衛隊は生まれた』（以下『NHKスペシャル』と略記）(30)で三八〇〇頁に上る『創設の記録』の一部を公開した。『創設の記録』およびその関連資料は、いまだ研究者にも公開されていないこともあり、本章では、以下この『NHKスペシャル』の内容を、歴史資料として援用したい。

旧海軍関係者の一部は、日本海軍の復活を賭け、戦後ほどなく研究を開始していた。朝鮮戦争が始まると日米両国で日本の再軍備問題が取り沙汰されるようになった。このような状況の中で、日本の海上兵力の再建を促進する一つの契機となる事件が起こった。事件はアメリカ海軍の指令を受け、日本の掃海部隊が朝鮮で機雷戦に従事したときに発生した。まずこの事件から見ることにしたい。

一般に日米戦争に敗北後、日本は徹底して武装解除されたとされている。しかし「旧海軍」の掃海部隊だけは残存をゆるされ、戦後も任務についていた。大戦中日本列島周辺海域に日本軍、米軍双方によって敷設された、数万個にのぼるとされた機雷を除去するためであった。この「旧海軍」の掃海部隊は海上保安庁に属し、朝鮮での戦争が勃発した時点でも、三四八隻・約一万の兵員によって構成され、掃海作業に従事していた。この意味で旧陸軍と違い海軍は、断絶を免れていたのである。

一九五〇年六月二五日朝鮮戦争が勃発すると、日本駐留の米軍はただちに出撃したが、すでに見たように軽装備の米軍は北朝鮮軍のソ連製戦車に蹂躙され敗退し、七月から八月にかけ半島南部に残る釜山橋頭堡を維持するのがやっとだった。かりに増援部隊を待って国連軍が形勢を立て直し得て、反撃に転じるとしても、なれない陸地を北上するのは兵站活動が困難であった。北朝鮮軍を三八度線まで追い戻すには、洋上を北上するのがはるかに有利であると判断された。その年の九月一五日に敢行された仁川上陸作戦はこの判断に基づいたものであった。

仁川奇襲上陸作戦は成功したが、道路網が寸断されていたこともあり、この地点からだけの大規模な部隊の進撃は不可能だった。もし深く北朝鮮軍を追い詰めるとすれば、さらに北側に別の上陸地点を確保する必要があった。一〇月初頭、米国首脳部はソ連や中国への深い配慮もないまま三八度線を越え、ソ連の勢力圏であり、いまや新中国の緩衝地帯ともなっていた北朝鮮へ韓国軍・米軍を進撃さすという、危険で重大な決定を下した。そのための主要上陸地点に、三九度線より北の元山港を選んだ。しかし、この時期すでにその沿岸にはソ連海軍の技術者によって無数の機雷が敷設されており、大部隊の上陸は重大な危険を伴うことが明らかとなった。米軍は掃海を迫られた。

ところで米海軍の太平洋海域の掃海部隊は、第二次大戦後ほどなくして解散され、掃海戦力として見るべきものは残されていなかった。この事実を前にして米海軍首脳は困惑したが、極東米海軍部隊司令官ターナー・ジョイ中将の参謀副官アーレイ・バーク少将は、朝鮮半島沿岸に敷設された高性能のソ連製感応機雷のアメリカ側にはない処理能力を、日本の掃海部隊が保持していることに着目した[32]。かくして極東米海軍は日本掃海隊の出動を日本政府に指令した。占領下にあった日本では米軍の指令は拒絶できず、吉田茂首相はこの要請に同意した。一〇月二日バークが海上保安庁長官大久保武雄に出動を命じた。正式命令は二日後ジョイから運輸大臣に出された。日本掃海部隊の出動は極秘に進められ、出発時隊員には具体的な任務地も知らされていなかった。掃海艇二〇隻と補助艇で編成された日本掃海隊は、第七艦隊司令官の指揮下に入れられ、一〇月中旬から一二月一五日まで、三八度線を越えた海域にも踏み込むなどして掃海に従事した。その主要幹部は、公職追放該当者であったが、追放を許されていた旧海軍士官であった。隊員の間には、日本の国家公務員がなぜ朝鮮までできて危険な掃海作業に従事しなければならないかという疑問と心の動揺があった[33]。

敷設された三〇〇〇個余の浮遊及び磁気機雷を前にして、国連軍の艦船は動きがとれず、上陸予定日が延期された。そのこともあり掃海が急がれた。深く入り込んだ複雑な地形を持つ元山港での作業は難航し、危険が伴った。掃海を開始してまもなくアメリカの掃海艇二隻が触雷・沈没し、一三名の死者・行方不明者と七九名の負傷者をだした。また元山港の奥深く侵入した韓国の補助掃海艇が、やはり触雷し沈没した。掃海に従事してまもない一〇月一七日、日本のMS14号艇が機雷に接触、沈没した。一名が死亡し一八名が重軽傷を負った。身の危険を感じた日本掃海部隊の隊員は、これ以上掃海は継続できないと主張した。しかし米国側は、任務を続行するよう厳命した。元山港に出動した日本掃海部隊八隻のうち三隻は、米側の厳命に逆らって帰国した[34]。

この三隻の掃海艇の帰国は、当然米海軍側を激怒させたが、同時に旧海軍の復活に執念を燃やしていた旧海軍関係者に、海上兵力再興への弾みを与えることになった。後に見るように、この事件を機に、一部の旧海軍軍人たちは、死を厭う者に国防は任すことはできないと情緒的に確信するようになった。事件は旧海軍軍人たちに、独自の指揮権をもつ軍的組織の復活を主張する強力な論拠を与えることになるのである。

すでに見たように、一九四七年には戦力の不保持と交戦権の破棄を謳った新憲法が発布されたが、すでに旧海軍関係者の一部によって、日本の再軍備の研究が始められていた。再軍備研究の中心人物は、旧海軍省の吉田英三元大佐であった。吉田は軍令部、海軍省を歩んできた旧海軍きってのエリートだった。彼は海軍軍人の復員を担当する第二復員局の職員となり、追放を猶予され、旧軍人の復員を担当する職務に就いていた。

吉田の務める局には山本義雄少将、長沢浩大佐、寺井義守中佐など海軍再建を画策する多くの旧海軍軍人がいた。吉田らは朝鮮戦争が勃発すると、極秘のうちに、最初の研究成果である研究資料を作成した。

吉田グループの日本再軍備の研究資料の内容は、軍の政治不関与を基本原則としてはいたが、ソ連を直接の脅威と断定し、大湊港の戦略的重要性を指摘していた。明らかに創設されたばかりの警察予備隊を意識してだろう、資料は日本の防衛は陸上兵力のみでは不可能であり、空・海上兵力の存在が不可欠であると強調していた。吉田らは彼らが作成した研究資料を、政府要人に配布した。しかし新しい憲法の下では、軍の存在は認められないとの立場をとる日本政府関係者は、吉田グループの海軍創設の構想に、まともに関心を示さなかった。[35]

しかし吉田たちは諦めなかった。彼らは自分たちの構想が日本政府関係者に無視されると、米国海軍に働きかける方策をとった。その仲介の労をとったのが、日米開戦時まで駐米特命全権大使を務めていた知米派の野村吉三郎元海軍大将であった。野村は先に見た極東米海軍のアーレイ・バークと、この時期までに、親交をもつようになっていたのである。

二人の関係に関しては、海上自衛隊創設に関する資料調査をしていたNHK海外取材班が、ワシントンにある国立公文書館（National Archives）の中で発見したバークの証言テープの中で、鮮やかに語られている。バークのテープは語る。太平洋戦争で日本軍と戦ったので、日本人に対する強い嫌悪感をもっていた。しかし朝鮮戦争が勃発し、戦争情勢分析のため意見を聴ける日本人の助言者が必要になった。野村に会ったとき、中国は参戦するだろうかと持ちかけると、野村は中国は参戦する、中国指導者の行動を分析すると参戦はまちがいないと明言した。そしてその直後、実際野村の言ったとおりになった。その後自分は野村を重視してゆくようになった[36]。つまりバークは、一九五〇年末までには野村を信頼できる実質的な助言者として遇するようになり、彼の助言に耳を傾けるようになったと語っていたのであった。

野村吉三郎は、第一次大戦中若くしてアメリカ大使館付武官として勤務したこともあり、アメリカ海軍関係者や米政府要人の中にも友人を持っていた。戦後一時期公職から追放されていたが、マッカーサーの推進する日本民主化＝非武装化政策を転換させ、日本の経済復興を図ろうとする、アメリカ財界の利益を代表する「ジャパン・ロビー」のメンバーとも親交を深めていた。また五〇年九月トルーマン大統領によって対日講和問題の特使に任命され来日するダレス国務省顧問とも接触するようになる。このように米国の海軍上層部や政界・財界にも幅広い人脈をもつ野村は、日本海軍再建を画策する吉田グループにとって、頼もしい指導者であったと思われる。実際野村は、吉田グループの「御意見番かつ精神面での父」的存在となっており、朝鮮戦争勃発の時点では、すでにその顧問あるいは代表として活動していたのである[37]。

帝国海軍の中枢部にいた国家主義的集団である吉田英三グループを、大戦中の体験から日本軍国主義に警戒的であったバークに引き合わすため、とりわけ野村が強調したのは、吉田グループの仕事は、ソ連の脅威が日本に及ぶのを防止するのに役立つということであった。日本海軍の旧軍人たちは、追放され生活に困窮している。困窮した彼らを放って置くと、共産主義に向かって行く。放置は得策でない。野村はそうバークを説得したと『NHKスペシャル』は指摘する。

この野村の説得は、朝鮮で中共軍との熾烈な戦いに直面することになったバークらアメリカ海軍指導部の聞き入れるところとなった。この時期中国義勇軍の介入によってアメリカ軍を主体とする国連軍は多大な犠牲者をだし、三八度線以南まで退却を余儀なくされていた。予期せぬ事態の進展で朝鮮での勝利が疑わしくなったこともあり、アメリカ軍指導部の関心は日本に向けられた。しかしアメリカ占領軍が朝鮮に出動した後の日本には、創設されたばかりの軽装備の訓練もままならぬ警察予備隊がいるのみで、危惧されていたソ連軍の進攻が現実となった場合、これに到底太刀打ちできるものでないことは明白であった[38]。ましてや極東の米海空軍は朝鮮での戦いに集中せざるをえず、米軍の兵站基地となっている日本は、事実上軍事的には空白状態にあった。この状況を直視した統合参謀本部（ＪＣＳ）は、日本が早期に自主防衛能力を強化することが、緊急の要請であると判断したのであった[39]。

以上のような米軍指導部の判断を察知した野村は、吉田英三らが作成し、日本政府要人たちに無視された「研究案」に手をいれて米極東海軍司令官のジョイ中将に持ち込んだ。ジョイが即座に反応しないとみると、野村はそれを、長いアメリカ駐在体験をもつ保科《ほしな》善四郎元海軍省軍務局長に再度検討させ、バークに提出させた。保科の証言によるとバークに提出した海軍再建案は護衛空母、巡洋艦各四隻を含む艦艇三〇万トン、航空機七五〇機の本格的な新海軍を作るというものだった。(40)

これに対し、シャーマン海軍作戦部長とも親しく、ワシントン上層部の意向も知りえる立場にあったバークは、日本国民の再軍備をためらう強い気持も考慮して保科に告げた。米国の構想は、日本が小艦艇からなるスモール・ネイビーから出発することである。(41) この助言を受け入れた吉田らの再軍備グループは、本格的新海軍構想を一応棚上げにして、国連軍が潰走していた一九五一年冬、バークと共同して「日本再軍備試案」を作成することになる。彼らの共同「試案」は、日本政府との話合いが始まる前に、アメリカ政府に送られていた。つまり先に見た一月二九日から始まることになる吉田＝ダレス会談へ向け、準備が整っていたのである。『NHKスペシャル』が指摘するように、まさに旧日本海軍とアメリカ海軍が、日本政府を介さずして、日本再軍備を始動させていたのであった。

一九五一年一月二五日から二月一一日まで、対日講和条約に関する実質的な交渉をするため、ダレスが特使として来日する。アメリカの対日講和の目的は、太平洋地域の反共防衛、したがって日本の再軍備を主要目的とするものであった。ダレス特使と吉田首相の第一回会談は一月二九日に開かれた。すでに見たように、この会談で再軍備を強く迫るダレスの言葉を吉田は巧みに受け流した。

この情報を得た野村は、直ちに吉田英三＝バーク「試案」に日本の独立を条件とするという一文を付して、ダレスに渡した。ダレスにとって野村の提案は渡りに舟であったであろう。すぐさま翌日「興味深い」と野村に彼はメッセージを送った。またダレスから情報を得たのであろう、その二〇日後にGHQは、吉田英三に対し、「試案」を提示するように要請した。吉田らは、GHQの求めに応じそれを提出した。提出された「試案」は二七〇頁あり「旧日本海軍軍人に関する状況ならびに再動員に関する資料」と題されていた。そこには旧日本軍人の動向、生活の実態が詳しく書き記され、「再動員には能力の高い旧軍人の公職追放を解除する必要がある」と記されていた。[42] これを文字通りに解すれば、「試案」には、海上兵力再建のため七万三〇〇〇にのぼるとされた公職追放された旧海軍関係者の解除が、不可欠の前提であることが強調されていたことになる。

ところで上記の『NHKスペシャル』は、この時期、「試案」の主張を援護するような内容をもつ昭和天皇のメッセージが、日本に関する情報提供者となっていたジャーナリストから、ダレスのもとに送られたことを紹介している。天皇が側近に語った言葉とされる「天皇メッセージ」は、次のようなものだった。天皇は、日米双方に最もよい効果をもたらし、かつ日米親善の育成に最も貢献する措置は、公職追放の緩和であると感じている。それによって有能で善意の人が解放され、国民のために働けるようになることは間違いない。そう天皇は言っている。[43]

『NHKスペシャル』はこのように語るが、このメッセージが伝えられたのはその内容からして一九五〇年六月、ダレスの初回の訪日のときであったと思われる。実は「天皇メッセージ」に関しては、豊下楢彦氏が著書『安保条約の成立——吉田外交と天皇外交』の中で詳しく紹介している。それによるとダレスへの情報提供者は、日本生まれで『ニューズ・ウイーク』の東京支店長を務めていたコンプトン・パケナムであった。日本で造船業に従事していたパケナムの父親はイギリス貴族の家柄で、戦前宮廷関係者と広く親交があった[44]。息子のコンプトンも同様であった。また天皇の側近とは、昭和天皇の信頼の厚かった松平康昌のことであった。

問題は北朝鮮軍が猛烈な勢いで南下して日本に迫っており、天皇制の崩壊と天皇戦犯裁判を恐れた天皇を含む宮廷関係者が、旧軍人の追放解除や再軍備に消極的なマッカーサーと吉田茂の姿勢に業を煮やし、五〇年六月二六日初回の訪日を終えて帰国直前のダレスに、パケナムを介して松平を直接接触させ、天皇のなみなみならぬ懸念を伝えたことであったといえよう。一方のダレスも、吉田首相との会談でソ連と中共の進出を防止できるのは、防衛上の協定しかないと強調していたが、吉田は基地問題のみならず再軍備問題でも曖昧な態度をとり続けた。ダレスはいらつき激怒し、再軍備に消極的な日本側指導者たちの姿勢にいたく失望して、失意のまま帰国しようとしていた[45]。天皇の伝言はダレスにとって救いであったと推測される。

「天皇メッセージ」を『ニューズ・ウイーク』の外信部長ハリー・カーンから伝え聞いた同誌の創設者で、駐ソ大使も務めた反共主義者のアベレル・ハリマンは、それを文書化するよう要請した。これを受けパケナムは八月になって、松平を含む側近たちと作業に入った。この文書化作業のあいだに、もし米軍が敗北するならば処刑されるのではないかと、日本の最高権力者たちが恐怖していることを知ったと、後日パケナムはカーンに報告している[46]。このような状況の中で文書化されダレスにも送られた「天皇メッセージ」は、公職追放への批判を一層強調していた。日米両国の利益に

「最も有益な効果」をもたらすであろう行動は「追放の緩和」である。そのことによって「多くの有能で先見の明と立派な志をもった人々」が、占領当局の処罰をおそれることなく、自由に活動できるようになる、と天皇は思っている[47]。文書化されたメッセージはこのように強調しているが、これは先に見た『ＮＨＫスペシャル』の内容と符合しているといえよう。

豊下氏も示唆しているが、「天皇メッセージ」が伝えられたわけは、朝鮮における戦乱の突発で危機感をつよめた宮廷側が、占領当局と日本政府を介さずして、直接アメリカ政府に旧軍人の公職追放解除と日本本土米軍駐留を働きかけたことであったといってよかった。この宮廷側の外交的働きかけは、日本政府関係者に無視され直接米海軍関係者と接触し、日本政府を介さずして海上兵力再建を果たそうとしたときの吉田英三グループの手法ときわめて類似していたといえた。旧軍人の追放解除という主張でも両者の思いは一致していた。また「天皇メッセージ」をダレスに届けたパケナムは、吉田英三グループの指導者であった野村吉三郎とも接触していた[48]。

以上の検討からして次のことが言えるであろう。ダレスへの「天皇メッセージ」が仮に事実とすれば、あきらかに野村・吉田英三それに昭和天皇の三者とも追放され、生活に苦しむ旧海軍軍人およびその家族の遺恨を取り除くことが、反共＝親米の日本を築く上での基本的な前提になると主張していたことになる。同時にこのことはこの三者が、追放を解除された海軍軍人を基に、旧海軍の再建を果たそうとしていたことを物語っていたといえる。この三者の努力は実ったといえた。五〇年一〇月ＧＨＱは基準を緩和し、正規将校三二五〇人が追放解除となった[49]。これを皮切りに旧軍人の大量解除が続くことになる。

アメリカ海軍の指示により作成された吉田英三らの再軍備案には、軍備を禁じた憲法があるので三軍の整備は許されていない、軍という名称は使わない、不本意ながら海上保安庁を利用することなどが強調されていた。それは米海軍作戦本部に伝えられた。一九五一年八月に作成された国防長官の報告書には、日本に海上防衛の組織を創設することを許可願いたい、それを日本海軍の核としたい、と記されていた。そしてこの報告書を受け取ったのは、トルーマン大統領であったと『NHKスペシャル』は語る。

一九五一年二月吉田首相がダレスに再軍備を約したが、その主旨が明記された安保条約が九月に調印されると、一〇月にはアメリカ政府からフリゲート艦などが貸与されるようになった。そして同じ一〇月末日本の海上兵力の復活を検討する秘密会であるY委員会が結成された。これはもはや私的な研究会ではなく、内閣直属の委員会であった。吉田首相も今や吉田英三らの旧海軍再建案を容認したのである。委員会の性格上、その存在、構成員、会合の記録はすべて機密扱いにされた。

第一回会合は同年一〇月三一日に開かれた。委員会のメンバーは、吉田英三を含む旧海軍関係者八名と、海上保安庁からの代表二名の一〇名によって構成されていた。旧海軍関係者が圧倒的に多数を占めていたが、委員の選定はアメリカ側の意向に沿って決められたものであった[50]。

第二回目の会合からは、実質的な討議がなされた。当然海軍復活の研究を積み重ねてきた吉田ら旧海軍軍人が主導権を握った。海上保安庁の代表は、日本の安全は警備救難監による警察活動の範囲内で維持できると主張した。これに対し旧海軍側は、日本の安全を保障する組織は軍隊的でなければならず、そのトップは軍人であるべきと主張した。これは先に見たように朝鮮戦争に参戦した、海上保安庁の指揮下にある日本掃海部隊の一部が、一名の犠牲者と多数の負傷者を出した後、米極東海軍司令部の命令を無視して戦列を離れ帰国し、米海軍側を激怒させたことを、吉田英三らの旧海軍側が強く意識しての発言だった。軍隊であるならば、他国軍の指揮下に入ったとはいえ、危険が迫ったからといって作戦中に命令を無視し戦列を離れるということはない。また軍隊なら、このような無礼な振舞をして、日米関係を傷つけることもない。今後に備え、犠牲を厭わない軍隊が日本に必要である。旧海軍側は以上のように主張していたといえる。事実旧海軍側は、Y委員会の席上、海上保安庁の警備救難監の下に任務に就けないと強調、独立した指揮権が絶対必要であり、組織としてもいつでも独立できるものであるべきと強硬に主張した[51]。

ところで、米軍の指令に従ったとはいえ、日本政府の掃海隊が、最前線の戦場で、それも敵前上陸の先陣をつとめ、砲撃を躱しながら北朝鮮軍が敷設した対艦兵器を爆破し、上陸作戦を支援するという行為そのものが、交戦権の発動にほかならなかったといえた。あきらかに掃海艇の行動は、日本国憲法の第九条に抵触するものであった。三隻の掃海艇が米軍の命令を振り切って帰国したのは、海外派兵を禁じられている日本人として、なしてしかるべき当然の行為であったといえた。

後半Y委員会にアメリカ側オブザーバー二名が出席して、審議に加わった。当然委員会の審議内容は、逐次米極東海軍側に知らされていた[52]。彼らは海上保安庁側が提案する海上保安予備隊の案に批判的であった。討議を開始してから七カ月後の一九五二年四月二五日のY委員会で、米側顧問が、海上保安庁の警備救難監には指揮権はないと発言、論争に決着をつけた。この日、日本の海上兵力の復活が実質的に決定された。アメリカの武器・資金等の協力を得て、海上保安庁の外局として海上警備隊が誕生することになったのである。[53] 要員のほとんどが、追放を解除された旧海軍軍人であった。[54] 五二年八月一日には警察予備隊は保安隊に改編され、海上警備隊は警備隊として発足し海上保安庁から完全に独立した海上兵力となった。

吉田英三は後に自衛艦隊司令官になる。彼は自己グループがアメリカ海軍と共同で創設した海上兵力の復活の経緯を、『海上自衛隊創設の記録』にまとめた。現在も未公開のこの『創設の記録』と議事録などの関連資料の一般研究者への公開が実現すると、海上兵力復活を含む日本再軍備の全貌が明らかになるであろう。現在その機密扱いの解除が検討されている、と『NHKスペシャル』は結んでいる。

おわりにかえて

(1) 米ソによる北東アジアの分割

日本の敗北がほぼ確実視されてきた一九四五年二月、アメリカ指導部は戦後世界が直面する諸問題を話し合うため黒海沿岸の保養地ヤルタでスターリンと会談した。まだ米ソが信頼・協力関係を保持していた時期になされたこのヤルタ会談では、米ソ両国の戦後アジアにおけるそれぞれの勢力圏を確定するため、秘密の合意がなされていた。戦後大国になる米ソが勢力圏争いをしないように防止策が定められた。

その主要なものは、ドイツの降伏後二〜三カ月以内にソ連は対日参戦すべきこと、大連は国際港化するが軍港旅順は海軍基地として租借権をソ連へ返還する、満州の主要幹線である南満州鉄道の中ソ合弁経営、モンゴル人民共和国の現状維持、つまり中国からの永久独立などが決定された。ソ連の対日参戦とは満州に立て籠もる関東軍を一掃することが主要目的であった。また南満州鉄道合弁経営とは、実質的にソ連による満州経済の支配を意味していたし、モンゴル人民共和国の現状維持とは、ソ連による同国の支配継続を意味していた。日本軍が支配する満州と中国共産党の解放区を除く中国主要部分は、アメリカが支援する国民党の支配下にあったし、アメリカ軍の軍事基地もその中に点在していた。つまり主として「日本に関する合意」、いわゆるヤルタ秘密協定によって決定されたものは、満州を除く中国をアメリカの勢力圏とし、満州およびモンゴルはソ連の支配圏に入れるというものであり、実質的な米ソによる中国分割の合意であった。ヤルタ協定によって千島列島のソ連への譲渡も約束され、ここにも米ソによる分割ラインが引かれた[55]。

そして大戦末米ソは北東アジアで最後に残された朝鮮を、アメリカの申し入れで北緯三八度線で分割することに合意したのであった。かくして第二次大戦が終了する時点までに、北東アジアつまり極東のほぼ全域が、米ソの合意に基づき、それぞれの勢力圏に分断されたのである。一九四九年中華人民共和国が成立してからは、三八度線は中国の新政権にとっても国防上の分割ラインとなった[56]。

勢力圏ラインの設定による中国分割の合意は、その後とりわけソ連政府の指導者によって、強く意識されていた。一九四九年一月劣勢に立たされた国民党政府が内戦中止の斡旋をソ連に要請してきたことを契機に、ミコヤンを毛沢東と会談させた。これがソ連が中国政策をひそかに転換する契機となった。ソ連は中国革命への助言を始めるが、ソ連による中国革命の承認は、それまで守ってきたアメリカとの合意をやぶることになると懸念し、ソ連政府は緊張していたという。[57] つまりスターリンは、満州以南のアメリカの独占的な勢力圏に間接的ながらも、実質踏み入ることに、非常に気をつかったのである。三八度線分割協定についても同年三月アメリカとの分割協定があるといって、金日成の南進の提案に合意しなかった。[58]

（2）米中戦争の開始と日本再軍備

朝鮮戦争が金日成のイニシャチブで始められたものであったことは、ほぼ動かぬ事実であることが、今日多くの研究者によって確認されてきている。戦争は北朝鮮による武力統一の試みであった。しかしそれを米中戦争という大規模な国際戦争に変質させ、かつ長期化させた最大の原因は、アメリカが第二次大戦末期ソ連と結んだ勢力圏分割協定を破り、三八度線を越え奥深く北進したことであったといえよう。あきらかに、朝鮮での戦争もモスクワの指令でなされたというパターン化された冷戦思考とドミノ理論的発想が、この時期のアメリカ指導層を支配していた。トルーマン大統領をはじめとする米国指導者は、もし韓国が敵の手に落ちたら、ソ連は次々と他のアジア諸国をのみ込んでしまうと信じていた。[59]

一方、一九五〇年一〇月義勇軍を出動させた中国にしても、国家存亡の危機意識からの参戦であったといえる。解放闘争を終え国家を建設したばかりの中国の指導者にとって、朝鮮戦争は朝鮮民族による民族統一のための内戦であり、中国革命を拡大し、その運命を保障するものであった。しかしアメリカはこの内戦に介入し、米ソの合意を無視して分割ラインを突破し深く北進してきた。毛沢東はアメリカの狙いは中国の支配であり、それによってアジアを支配することであると判断していた[60]。それゆえ長い年月と多大な犠牲をはらって達成した民族解放闘争の成果である、新しいがまだ不安定な中国の国家体制にとり、アメリカ軍の自国国境への接近は、武力をもってしても排除しなければならない安全保障上の忌むべき脅威であった。ソ連空軍の支援がなくとも出兵しなければ「敵は鴨緑江周辺まで制圧し、国内外の反動勢力の気炎はますます高まり」東北地域が危険になると、毛沢東はスターリンに参戦の理由を通達していた[61]。国連軍を率いて北進してくるマッカーサーこそ、反革命勢力の蔣介石を支持していたし、蔣介石勢力の残党は中国国内に数多くいて、政権奪回の機会をうかがっていた[62]。

　戦争の当事者である大韓民国大統領李承晩も朝鮮民主主義人民共和国の金日成も、建国以前から互いに他を倒して朝鮮を統一するのが民族の最大の目標であることを標榜してきた。米ソという大国の利害によって南北に分断された朝鮮民族が、民族統一を実現しようとして、相互に張り合い軍事的衝突を繰り返していた。最終的に北朝鮮がスターリンと毛沢東の支援を受け周到な準備の後、一気呵成に統一を実現しようとして大規模な軍事侵攻を実施したのであった。電撃的な武力統一の戦法も民族統一の戦いといえるなら、朝鮮戦争は一種の内戦として始まった。このことは一九九〇年代になって、とりわけロシアの資料館から旧ソ連時代の資料が解禁されはじめたことによって明らかにされつつある。朝鮮戦争は中国革命の進行に強い影響をうけた金日成と朴憲永が武力統一を望み、一九五〇年に入ってスターリンと毛沢東の承認をとりつけ、援助をうけて、北朝鮮のイニシアティブによって開始された戦いであったことが多くの内外の研究者によって指摘されるようになった。[63] 北朝鮮の戦争政策はモスクワの主導によるものであったという、当時からアメリカの指導者によって主張されてきた冷戦理論に基づく観点は、否定されてきている。

初期の北朝鮮対米韓の戦いが大規模な戦争へと変貌したのは、米軍の北進によるものであった。米政界や国務省の中でも、北進はソ連との冷戦を有利に戦うため必要であるという見解が有力であった。李承晩とマッカーサーは武力統一の戦略を明確にもっていた。[64] これらの主張に押し切られるようにして、トルーマンは米軍の三八度線越えを承認した。しかし米軍の北進は、中国義勇軍の介入を誘い、内戦が米中という大国同士の大規模な国際紛争に一変した。米軍を主力とする国連軍は、中国との直接対決で大量の犠牲者を出して後退を余儀なくされた。兵力の増強にもかかわらず勝利への見通しがつかなくなった結果、米国民は不満を鬱積させ、それを背景として国内では人権抑圧的なマッカーシズムが荒れ狂うようになった。

すでに見たように、中国軍の介入を契機として米国はソ連との全面的対決を前提とするNSC―68―4の採用を決定した。その結果対日講和の条件も著しく軍事的となり、アメリカは基地の無制限使用を日本に受け入れさせる日米安保条約まで要求するようになった。仁川上陸作戦の成功後米軍が北進せず、戦闘を短期で終息させていたら、日本掃海隊の出動も不要であったし、日本の再武装も警察予備隊程度に止まっていたであろう。このことは十分考えられることである。三八度線以北の自国勢力圏防衛のためもあり、ソ連も自国兵パイロットが操縦する戦闘機を出動させ執拗に戦った。米中戦争の開始後、アメリカ極東海軍と旧帝国海軍関係者の結び付きが急速に深くなった。朝鮮での戦争が大規模化・長期化したことが、米国主導の日本の再武装化と日本全土基地化を本格的に促進していったと言えよう。

［注］

（1）岩田功吉「朝鮮戦争——革命的内戦のはてに」森利一編『現代アジアの戦争——その原因と特性——』（啓文社、一九九三年）九一頁。山極晃『米中関係の歴史的展開——一九四一年〜一九七九年』（研文出版、一九九七年）二五七頁。

（2）高橋章『アメリカ帝国主義成立の研究』（名古屋大学出版会、一九九九年）第二章参照。

（3）Car Alperovitz, *The Decision to Use the Atomic Bomb and the Architecture of an American Myth*, Alfred A. Knopf, 1995, pp. 127-130.

（4）山極晃前掲書、第四章参照。

（5）長尾龍一『アメリカ知識人と極東——ラティモアとその時代——』（東京大学出版会、一九八五年）、二三〇〜七頁。

（6）荒敬「再軍備と在日米軍」『日本通史』（岩波講座第二〇巻現代I、岩波書店、一九九五年）一五七頁。

（7）山崎静雄『史実で語る朝鮮戦争協力の全容』（本の泉社、一九九八年）、三五〜六頁。

（8） 和田春樹『朝鮮戦争全史』（岩波書店、二〇〇二年）、一五七頁。
（9） 山崎静雄前掲書、三三一～五頁。
（10） 和田春樹前掲書、一六二、一七七頁。
（11） 山内敏秀「海軍の朝鮮戦争――海軍不要論を一蹴した海軍力の顕示」『朝鮮戦争――中国軍参戦と不毛の対峙戦』（下）（歴史群像シリーズ六一号、学研）、一四六～五〇頁。
（12） 島川雅史『［増補］アメリカの戦争と日米安保体制――在日米軍と日本の役割――』（社会評論社、二〇〇三年）、八八～九頁。
（13） 山崎静雄前掲書、一七七～八頁。
（14） 藤原彰『日本軍事史（下巻）戦後編』、（日本評論社、一九八七年）、二五頁。
（15） 坂元一哉『日米同盟の絆――安保条約と相互性の模索』（有斐閣、二〇〇〇年）、二四頁。
（16） 菅英輝『米ソ冷戦とアメリカのアジア政策』（ミネルヴァ書房、一九九二年）、二五一頁。
（17） 荒敬前掲論文、一五二頁。
（18） 山極晃前掲書、二五四頁。
（19） 菅英輝前掲書、二五二～三頁。
（20） 五十嵐武士『戦後日米関係の形成――講和・安保と冷戦後の視点に立って』（講談社学術文庫、一九九五年）、二四八～五〇頁。
（21） 坂元一哉前掲書、二四頁。
（22） 同上二四～五頁。
（23） 同上二三頁。U.S.Department of state, *Foreign Relations of the United States, 1950*, vol. Ⅵ, 1382-92.（以下FRUSと略記）
（24） 五十嵐武士前掲書、二六九頁。

（25）荒敬前掲論文、一六二頁。
（26）坂元一哉、三九～四七頁。
（27）荒敬、『日本占領史研究序説』（柏書房、一九九四年）、二六八～六九頁。
（28）読売新聞戦後史班編『昭和戦後史「再軍備」の軌跡』（読売新聞社、一九八一年）。
（29）『海上自衛隊創設の記録』（全九巻）は吉田英三が編集し昭和四三年海上幕僚長に納めた。
（30）『NHKスペシャル　海上自衛隊はこうして生まれた』（二〇〇二年八月一四日放映、取材協力増田弘。Hiroshi Masuda ed., *Rearmament of Japan: Part I: 1947–52*, CIS（現在 Lexis Nexis と改称）, Maruzen（丸善）, 1999, *Part II: 1953–63*, CIS (Lexis Nexis), Maruzen（丸善）, 2000.
（31）朱建栄「中国軍はなぜ介入したか――毛沢東が力説した参戦の必然性――」前掲『朝鮮戦争――中国軍参戦と不毛の対峙戦』（下）、三二頁。
（32）山崎静雄前掲書、二四四～七頁。
（33）同上、二六一頁。
（34）同上、二五五～六〇頁。狩野信行「日本掃海隊の朝鮮戦争参加」『軍事史学』一三三巻（錦正社、一九九八年六月）七八～八一頁。平間洋一「朝鮮戦争に『参戦』した日本人――派遣された特別掃海隊の困難」前掲、『朝鮮戦争』（下）（学研）、一七五～七七頁。
（35）前掲『NHKスペシャル』。平間洋一前掲論文、一七四～八頁参照。
（36）前掲『NHKスペシャル』。なおバークと野村の関係については秦郁彦『史録　日本再軍備』（文芸春秋、一九七六年）、一七六～七参照。
（37）Howard B. Schonberger, *Aftermath of War: Americans and the Remaking of Japan, 1945–1952*, The Kent State Uiversity Press, 1989, pp. 146～47,（宮崎章訳）『占領一九四五～一九五二――戦後日本をつくりあげた八人のアメリカ人』（時事通信社、一九九四年）、一七九頁。

(38)　五十嵐前掲書、二三五〜三六頁。
(39)　坂元一哉前掲書、二五頁。*FRUS* 1950 Vol. IV, p. 1385〜92.
(40)　読売新聞戦後史班編前掲書、『「再軍備」の軌跡』、二三二頁。
(41)　同上、二三四頁。
(42)　前掲『ＮＨＫスペシャル』。
(43)　同上。
(44)　豊下楢彦『安保条約の成立――吉田外交と天皇外交――』（岩波新書、一九九六年）。Schonberger, *opt. cited.*, p. 136. 宮崎章訳前掲書、一六八頁。
(45)　増田弘「朝鮮戦争以前におけるアメリカの日本再軍備構想」（二）（慶応義塾大学法学研究会編『法学研究』第七二巻第五号、平成一一年五月）、五〇〜一頁。
(46)　豊下楢彦前掲書、一七三頁。極東国際軍事裁判（東京裁判）の判決が下り、昭和天皇の退位要求・戦争責任追及が内外で強くなった一九四八年から朝鮮戦争が終結するまでの数年間は、皇室にとっては重大な危機の時であったといえた。宮廷関係者が四八年（昭和二三年）、戦争の惨禍で苦しんだ国民への「謝罪詔書」を起草していた事実が近年あきらかにされたが、当時の皇居内の危機意識が尋常でなかったことを示すものといえよう。加藤恭子「昭和天皇 国民への謝罪詔書草稿――詔書草稿を読み解く」『文芸春秋』二〇〇三年七月号、九六〜一一三頁。
(47)　豊下楢彦前掲書、一七四頁。
(48)　Schonberger, *opt. cited.*, p. 136. 宮崎章訳前掲書、一六八頁。戦後皇室外交については進藤栄一「分割された領土」『世界』四〇三号（一九七九年四月）も参照。
(49)　荒敬前掲論文、一七四頁。
(50)　前掲『ＮＨＫスペシャル』。

(51) 同上。なお、旧海軍側のメンバーの一人寺井義守も、後年この点を確認している。読売新聞戦後史班編前掲書『「再軍備」の軌跡』、二四六～七頁。
(52) 読売新聞戦後史班編前掲書、『「再軍備」の軌跡』、二四七頁。
(53) 前掲『NHKスペシャル』。
(54) 追放基準の緩和で、五〇年一〇月正規将校三二五〇人の追放が解除され、五一年六月には陸士・海兵出身の少尉級二四五人が入隊した。また八月には旧軍人一万人が追放解除になり、一一月と一二月にはそれぞれ四〇六人、四〇七人の将校が入隊した。荒敬前掲論文一七四～五頁。
(55) Alperovitz, *opt. cited.*, p. 92.
(56) 朱建栄前掲論文、七〇頁。
(57) 和田春樹前掲書、二四頁。
(58) 同上、三六頁。
(59) Melvyn P. Leffler, *A Preponderance of Power: National Security, the Truman Administration, and the Cold War* Stanford University Press, 1992, p. 366. また戦争勃発当日国務省の情報調査局で作成された報告書も、戦争はソ連の指示によるものであり、ソ連の動きと見なすべきであると強調していた。*FRUS*, 1950. Vol. Ⅶ, p. 149.
(60) Jenniffer Milliken, *The Social Construction of the Korean War: Conflict and Its Possibilities*, Manchester University Press, 2001, pp. 117-18.
(61) 朱建栄前掲論文　七一頁。
(62) 石田正治『冷戦国家の形成――トルーマンと安全保障のパラドックス』(三一書房、一九九二年)、一七七頁。 Qiang Zhai, *China and the Vietnam Wars: 1950-1975*, University of North Carolina Press, 2000, p. 20. Chen Jian, *Mao's China and Cold War*, University of North Carolina Press 2001 , p. 87.

(63) 和田春樹前掲書、一二頁。Leffler, *opt., cited*, pp. 366〜67. A・V・トルクノフ(下斗米伸夫・金政浩訳)『朝鮮戦争の謎と真実――金日成、スターリン、毛沢東の機密電報による』(草思社 二〇〇一年)九七〜一一九頁。なお修正主義史観に立って、朝鮮戦争を一種の内戦とみる Bruce Cumings, John Merril, Jonathan Pollack などの視点に対し、William Stueck は批判的であり、「伝統的な」歴史像を選択している。William Stueck, *Rethinking the Korean War: A New Diplomatic and Strategic History*, Princeton University Press, 2002, pp. 6, 65〜66.

(64) 秦郁彦前掲書、一四八頁。W・ストゥーク(豊島哲訳)『朝鮮戦争――民族の受難と国際政治』(明石書店、一九九九年)、八〇頁。

(この論稿作成にあたって菅英輝(九州大学)、増田弘(東洋英和女学院大学)、荒敬(長野県短期大学)、島川雅史(立教女学院短期大学)の各氏に、資料・文献等について御教示いただいた。この場をかりて、お礼を申し上げます。)

2 ヴェトナム戦争と在日米軍・米軍基地

藤本博 *Fujimoto Hiroshi*

一九六〇年の日米安保条約の改定を経て、アメリカは日米安保条約ならびに沖縄・日本本土の米軍基地をアジア全体の安全保障維持の中で位置づけるようになった。そして日本政府も、このアメリカの軍事戦略を支持・協力する立場から、とくに一九六〇年代半ば以降、日米安保条約と在日米軍基地のアジア全体における役割を積極的に容認することになる。この時期、日米両国政府のこうした認識を前提に、日米安保体制と在日米軍基地は変容を遂げた。そして、この変容を促したものが、一九六〇年代半ば以降のアメリカによるヴェトナムへの軍事介入の拡大であった。そこで本章では、アメリカ政府や米軍の意図を中心に、ヴェトナム戦争拡大期における沖縄と日本本土の在日米軍・米軍基地の実態を検討し、この時期、ヴェトナム戦争の拡大を契機に、日米安保体制ならびに在日米軍・米軍基地がどのように変容したかを明らかにする。

ヴェトナム戦争が本格的に拡大していく一九六〇年代半ば以降、沖縄と日本本土の在日米軍基地はヴェトナムにおける米軍の出撃、補給・修理、訓練、情報・通信、医療、休養・慰安基地として利用された。そして、日本政府はアメリカのヴェトナムにおける軍事行動を間接的に支援し、アメリカのヴェトナム戦争遂行上重要な役割を果たした。とくに、アメリカの施政権下にあった沖縄は、米軍基地の自由使用が保障され、戦争遂行の前進的拠点としてより直接的に利用された。

当時、ヴェトナム反戦運動が日本でも高揚する中で、ヴェトナム戦争拡大期における沖縄と日本本土の在日米軍・米軍基地の実態についてはかなり明らかにされた(1)。しかし、現時点から見ると、ヴェトナム現代史家の吉沢南が指摘するように、ヴェトナム戦争拡大の時期には、日本がヴェトナム戦争に巻き込まれることに対する懸念が強く、日米安保体制と在日米軍基地がアジア全体の中で位置づけられていたとの視点、つまり日本がヴェトナム戦争においては「加害」の側に立っているとの視点は弱かった(2)。また、ヴェトナム戦争終結から三〇年近くが経過するが、ヴェトナム戦争終結以後今日に至るまで、このような「加害」の視点からヴェトナム戦争期における日本の役割を総括する試みは十分になされてきたは言い難い(3)。

冷戦終結後の一九九〇年代以降、日米安保体制は「グローバル安保」として変質しつつある（本書5章の島川論文参照）。本章で詳述するように、ヴェトナム戦争拡大期の一九六〇年代後半に日米安保体制と在日米軍・米軍基地はアジア全体の中で位置づけられるようになり、その後における日米安保体制ならびに沖縄と日本本土の米軍・米軍基地の方向を規定していくことになった。この意味で、ヴェトナム戦争期における在日米軍・米軍基地を知ることは、今日の日米安保体制の変質を理解するための歴史的視座を提供してくれるであろう。

近年、米外交・軍事関係公文書の解禁の進展やインターネット情報の普及などにより、アメリカ政府や米軍の意図については一次史料などをもとに一定解明できる段階にある。そこで、ヴェトナム戦争期の同時代を含め在日米軍・米軍基地の実態に関して刊行された二次文献[4]を参考にしながら、以下の叙述では、近年解禁され利用可能になっている一次史料ならびにインターネット情報も併せて利用した[5]。

1　アメリカの「自由世界援助計画」と日米安保体制の変容
――日本の戦争協力の位置

(1)「アメリカの最も長い戦争」への道とアメリカの「自由世界援助計画」

まず、アメリカがヴェトナムに地上戦闘部隊を派遣するに至る経緯を概観しておきたい。

アメリカ側から見れば、ヴェトナム戦争の起源は、第一次インドシナ戦争において民族解放を求めるヴェトナム民主共和国に敵対していたフランス軍に対して援助の供与を公表した一九五〇年に遡る。この対仏援助供与の理由は、アメリカが西ドイツ再軍備に対するフランスの支援を必要としたからであり、同時に、中国革命後にアジアにおける共産主義拡大を阻止する前哨としてインドシナを位置づけたからでもあった。その後、フランスがヴェトナム民主共和国に敗北した結果、一九五四年七月にヴェトナムにおける二年後の統一選挙を取り決めたジュネーヴ協定が調印された。しかしアメリカは、アジアにおける共産主義拡大を引き続き恐れてジュネーヴ協定に調印せず、北緯一七度線以南のヴェトナムを「東南アジアでの自由世界の礎石」とするため、ヴェトナムの南北分断を図った。そして翌年一〇月には、アメリカの支援のもとに、ゴ・ディン・ジェムを大統領として親米のヴェトナム共和国（南ヴェトナム）が樹立された。

民族統一を求めるヴェトナム民衆は再び苦難の道を余儀なくされた。一九六〇年一二月には南ヴェトナム解放民族戦線が結成されて、ヴェトナムの民族解放は新たな段階に入る。これに対し、翌年発足したケネディ政権は、従来の共産主義の拡大阻止の目的に加えて、対ゲリラ戦争の試金石としてヴェトナムを位置づけ、アメリカの威信保持という新たな介入理由のもとに、六三年末までに約一万六〇〇〇人の軍事顧問を派遣した。しかし、この間、六三年五月のジェム政権による仏教徒弾圧を契機とする政治危機のなかで同年一一月には反ジェム軍事クーデターが勃発して、ジェム政権は崩壊した。その後、南ヴェトナムの親米政権は慢性的な政治不安定に陥っていく。六四年末に南の親米政権が軍事的危機に見舞われると、ケネディ暗殺後に発足するジョンソン政権内で北ヴェトナムに対する爆撃を求める声が高まり、六五年二月のヴェトナムの解放勢力によるプレイク米軍基地攻撃を契機に同三月には恒常的北爆を開始した。次いで、同三月八日には基地防衛のために米海兵隊をヴェトナム中部のダナンに上陸させるに及んで、ここにアメリカのヴェトナム軍事介入は「アメリカの戦争」の様相を呈することになった。

表1　ヴェトナム参戦国の派兵規模（1964―1972）

単位：人

国　　名	1964	1965	1966	1967	1968	1969	1970	1971	1972
韓　　国	200	20,620	45,605	48,839	49,869	49,755	48,478	45,663	27,438
台　　湾	20	20	30	30	29	29	31	31	31
フィリピン	17	72	2,063	2,021	1,593	189	74	57	47
タ　　イ	0	16	224	2,242	6,009	11,568	11,606	6,265	38
オーストラリア	200	1,557	4,533	6,597	7,492	7,643	6,793	1,816	128
ニュージーランド	30	119	155	534	529	189	416	60	53
スペイン	0	0	12	13	11	10	7	—	—

（出典）1965-72年度に関しては、朴根好『韓国の経済発展とベトナム戦争』（御茶の水書房、1993年）、15頁。1964年度に関しては、Stanley R. Larsen and james L. Collins, Jr., *Allied Participation in Vietnam*（Washington D. C.: Department of the Army, 1985）, p. 23.

最終的には、アメリカは初期の目的を達成できずに、一九七三年の米地上戦闘部隊撤退を経て、七五年のサイゴン解放によってヴェトナム戦争は終結した。米戦闘部隊の派遣に限定してみても「アメリカの戦争」は一九六五年から七三年までの約八年間に及び、ヴェトナム戦争は「アメリカの最も長い戦争」であった。(6)

アメリカはとくに一九六四年以降、ヴェトナムにおけるアメリカの努力がアメリカの国益だけでなく「自由世界」を擁護することにあることを強調した。ジョンソンは同年四月二三日に「自由世界援助計画」（通称、"More Flags Program"）を提唱し、同盟諸国、とくにアジア諸国の支持と協力を求めた。この「自由世界援助計画」には最終的に約四〇カ国が何らかの協力を示した。表1のように、軍事要員を派遣したのは、韓国、台湾、フィリピン、タイ、オーストラリア、ニュージーランド、スペインの七カ国のみで、日本を含め他の多くの国々は非軍事的協力が中心であった[7]。

(2) アメリカのヴェトナム軍事介入の拡大と日米安保体制の変容

一九六〇年一月一九日、五一年九月に調印された旧日米安保条約が改定され、「日本国とアメリカ合衆国との間の相互協力および安全保障条約」(以下、日米安保条約)が日米両国政府の間で調印された。この改定された日米安保条約の特徴は、安全保障の面に限定して言えば、アメリカの日本防衛義務を定める(第五条)とともに、在日米軍の機能と活動範囲を日本の領土内のみならず、「極東における国際の平和及び安全」維持に拡大したことにあった(第六条、いわゆる「極東条項」)。「極東」の範囲については、日本政府は六〇年二月二六日に統一見解を発表し、「フィリピン以北並びに日本及びその周辺の地域であって、韓国および中華民国の支配下にある地域」とした。この「極東条項」が盛り込まれた理由は、詳しくは後述するように、この時期におけるアメリカの軍事戦略のもとで、沖縄はもちろんのこと、日本本土の米軍基地もアジアにおける前進的軍事拠点として位置づけられるようになったからであった(日米安保条約改定について詳しくは、本書3章宮川論文参照)。

加えて、六〇年の日米安保条約締結時に、条約の対等性を確保する一環として同第六条に関わる交換公文として「事前協議」制度が定められた。また、日米安保条約第六条で定められた「施設及び区域」と日本国内における米軍の法的地位を取り決めるために「地位協定」も締結された[8]。

日米安保条約が締結された一九六〇年以降、アメリカの対日政策の特徴の一つは、「日米パートナーシップ」のもとに、日本がアジアの主要なリージョナル・パワーとして積極的な役割と責任を分担するよう働きかけることにあった。北ヴェトナムへの爆撃などヴェトナムにおける軍事介入を拡大することへのコンセンサスがアメリカ政府部内で生まれつつあった時期の一九六五年一月一二日と一三日の両日、ワシントンで日米首脳会談が開催された。この日米首脳会談は、アメリカ側からすれば、ヴェトナム戦争拡大政策に対する支持を日本からとりつけると同時に、アジアにおけるリージョナル・パワーとして日本が果すべき役割を確認する機会となった。

この首脳会談において、ラスク国務長官はヴェトナム問題に関して、アメリカの努力が「自国のみの利害ではなく、自由世界全体のため」であることを強調し、この視点に立っての日本の一層の協力を要請した。これに対し佐藤栄作首相は、南ヴェトナムでの「自由世界の使命」が南ヴェトナムのみならず、東南アジア、ひいては世界の平和維持と密接に結びついていると述べて、ラスク国務長官と共通の認識に立っていることを示した。そして日本政府として経済援助や医療チームの派遣など非軍事的手段で「できる限り」協力することを約束した(それまで、日本政府は、経済援助と医療設備などの約一五〇万ドルの援助と医療チームを派遣)。

ここで興味深いことは、このような佐藤首相の発言は、一九六〇年代半ばには、日本政府として、日本領内の防衛だけではなく、「自由世界全体」の擁護というアメリカ側と共通の理解にたって、広くアジアという地域的文脈の中で日本の安全保障と経済発展を図っていくとの認識を明示したことであった。そして、会談後に公表された「日米共同声明」では、日米安保条約の堅持を確認するとともに、「大統領と総理大臣は、琉球及び小笠原諸島における米国の軍事施設が極東の安全のため重要であることを認め」、「総理大臣は、これらの諸島の施政権ができるだけ早い機会に日本へ返還されるようにとの願望を表明した」。このように、日本側は、沖縄・小笠原諸島の早期返還を表明する一方で、日米両国は広く極東における沖縄の米軍基地の重要性を確認したのであった。(9)

(3) ヴェトナム戦争に対する日本政府の立場

アメリカは、六五年二月の北爆開始と三月の米地上戦闘部隊の派遣により直接的にヴェトナムの軍事介入を拡大させていくが、この中で日本政府の姿勢が問われることになった。この点で日本政府の姿勢は、日米安保条約を締結しており、中立の立場にはないというものであった。当時の椎名外務大臣は、六六年五月三一日の衆議院外務委員会で以下のように答弁していた。「日本は日米安保条約第六条に従って行動する特殊な立場にある。……だから日本は中立的立場にはない。ヴェトナムの軍事行動は極東の安全維持のためにとっている行動であり、日本はこのために日本の施設、区域を米軍に提供する義務がある」(10)。この発言から窺えるように、アメリカがヴェトナム戦争への直接軍事介入を展開する過程で、日本政府は「極東の安全維持」というより広い地域的文脈の中でヴェトナムにおけるアメリカの軍事行動を容認したのであった。その後、日本の指導者はヴェトナムの軍事行動の後方支援的な拠点として機能する在日米軍・米軍基地の役割を「極東の安全維持」という文脈の中で積極的に認めていくことになる。この意味で、ヴェトナム戦争の拡大は、日米安保体制と在日米軍・米軍基地の変容を決定づける画期となったと言える。

このような日米安保条約の変容を決定づけていく過程で、日米安保条約に内在する二つの問題が顕在化した。一つは、日本政府による「極東条項」の拡大解釈であり、もう一つは、「事前協議制」の形骸化であった。

まず、「極東条項」について。後に詳しく見るように、アメリカがヴェトナムにおいて軍事作戦を展開するうえで日本本土の米軍・米軍基地はとくに補給・兵站基地として不可欠な役割を果した。椎名外相の発言の如く、日本政府はアメリカが日本本土の米軍基地を使用するのは日米安保条約第六条（「極東条項」）に適合的というのが日本政府の理解であった。しかし、前述したように、「極東」に関しての政府の統一見解では「極東」の地理的範囲の南限はフィリピン以北であって、地理的にフィリピンの南に位置するヴェトナムを「極東」の範囲に含むのは無理があった。ところが、日本政府はヴェトナムにおけるアメリカの軍事行動を日米安保条約の適用範囲に含め、事実上「極東条項」を拡大解釈したのだった[11]。

ヴェトナム戦争時の安保条約の運用でもう一つの問題となったのが、「事前協議制」であった。この制度は、米軍の「配置の変更」、核弾頭およびミサイルの「持込み」、日本有事以外の日本からの作戦行動が行われる場合に日米双方で「事前協議」を行うという取り決めである。そして、第七艦隊など米軍が日本の施設を利用して作戦行動を行う場合は「事前協議」の対象になるというのが日本政府の解釈であった。ところが、ヴェトナム戦争中にアメリカからの日本政府に対する申し出はなかったことから、日本政府は「事前協議のなかったということは、いままで直接日本から戦闘に参加しなかった」（六五年五月一日の衆議院予算委員会における永田亮一外務次官の発言）との解釈で一貫していた。現在では、六〇年の日米安保条約調印時に「事前協議制」が取り決められた交換公文の覚書で、核兵器搭載の米軍機および米艦船の日本寄港は「事前協議制」で言う「核持込み」には該当せず、しかも米軍部隊が在日米軍基地から移動する場合に「事前協議制」は必要のないとの密約が交わされていたことが明らかになっている。このような密約のもとで、ヴェトナムでの軍事作戦に加わっていた核兵器搭載の米艦船の寄港や米軍部隊の在日米軍基地からの移動に対してアメリカ側は「事前協議制」を申し出る必要を認識していなかった。そして、このような密約があったからこそ、日本政府もアメリカ側から「事前協議制」の申し出を受けることはなかったのだった。[12]

では、次に、ヴェトナム戦争期における在日米軍・米軍基地の役割とその特徴について考えてみたい。

2　ヴェトナム戦争期における在日米軍・米軍基地の役割とその特徴

(1)　一九六〇年代の在日米軍・米軍基地の性格

一九六一年におけるケネディ政権の発足とともに、アメリカは、それまでの核戦略を主軸とする

「ニュールック戦略」を改め、「中国封じ込め」政策を踏襲しながらも、「柔軟反応戦略」のもとでの「前方展開戦略」を展開することになった。これは、アジアにおいては、大西洋西部およびアジア大陸部の米軍基地に「前進基地」としての性格を与え、ハワイを拠点に核戦争、通常戦争、特殊戦争のいずれの戦争にも対応できる常時即応体制を敷くことを意味していた。この中で日本(沖縄を含む)の在日米軍・米軍基地はアメリカの「前方展開戦略」を進めるうえで重要な役割を持つものとして位置づけられた。例えば、米太平洋方面軍司令官(CINCPAC, Commander in Chief, Pacific Command)の年次報告書「コマンド・ヒストリー」(*CINCPAC COMMAND HISTORY*)一九六七年版は、在日米軍の貢献をアジア・太平洋地域全体に対する安全保障維持の文脈で位置づけていた。具体的に言えば、米統合参謀本部(JCS)が六七年一一月の佐藤首相訪米に関連して在日米軍の役割に関する見解を求めたのに対して、太平洋方面軍司令官は六七年九月の回答のなかで、在日米軍の任務が日本有事と韓国防衛に対応することにあると言及するとともに、アジア・太平洋地域における在日米軍の貢献に関して以下のように回答していた。「米軍の日本への駐留によってアラスカから台湾、フィリピン、オーストラリア、ニュージーランドへとつながる列島防衛線を完結できる。このことは米国の前方防衛態勢にとって死活的に重要である」。このように述べて、太平洋方面軍司令官は、アジア・太平洋地域全体におけるアメリカの「前方展開戦略」の中で不可欠な役割を担うものとして在日米軍を位置づけていた。また、在日米軍基地が、東南アジアにおける米軍および「自由世界」諸国の軍隊に対して、「石油・弾薬の備蓄、慰安・保養、治療、物資と人員の輸送、航空機と船舶の修理・調達」の各面で重要な支援を提供している点にも言及していた。[13]

ヴェトナム戦争の「アメリカ化」は、一九六五年三月の恒常的北爆開始とヴェトナム中部のダナンへのアメリカ海兵隊派遣に始まる。後に詳述するように、最初に地上戦闘部隊として派遣されたのが沖縄に駐留していた海兵隊の部隊であった。このことは、アメリカの「前方展開戦略」のもとでの在日米軍・米軍基地の変容を象徴的に示すものであった。ヴェトナム戦争のエスカレーションが続いた時期に、アメリカの施政権下にあった沖縄は極東最大の米軍基地として最大限に利用されることになり、日本本土の米軍基地と併せて在日米軍基地は、ヴェトナムへの出撃、補給・修理、訓練、情報・通信、医療、休養・慰安基地として役割を果たすことになったのだった。

この点で重要なことは、日本現代史家のトーマス・H・R・ヘイブンズも強調するように、ヴェトナム戦争拡大の時期における在日米軍・米軍基地の実態からすれば、一九六〇年代以降の日米安保条約の主要な目的は、日本防衛が主任務ではなく、東アジアにおける戦略の遂行を主任務としていたことである。この意味で、ヴェトナム戦争における在日米軍・米軍基地の役割を考えるためには、東アジアにおける米軍・米軍基地システム全体の中で位置づける必要がある。(14)

そこで、ヴェトナム戦争拡大の時期における在日米軍・米軍基地の実態を考察するまえに、まずこの時期における在日米軍・米軍基地の配置の全容を概観しておきたい。

(2) 一九六〇年代における在日米軍の兵力配置

ヴェトナムへの米兵派遣数が五〇万近くに達した一九六七年一二月末には、アジアにおいて米軍は、南ヴェトナム以外に、主として沖縄を含む日本の他、韓国とタイ、フィリピンなどに配置されていた（表2参照）。そして、この中で「前方展開戦略」の重要な担う役割を付与された在日米軍は、海軍、空軍、海兵隊が中核で、在韓米軍とは対照的にその域内の各戦闘部隊の作戦指揮権は持たず、各軍の部隊がそれぞれハワイに司令部を置く米太平洋方面軍の統括・指揮下に置かれていた（図1参照、六二頁）。そして、在日米軍は、一九六〇年代以降、「前方展開戦略」のもとで、米太平洋軍全体のシステムの一部として日本防衛を主任務とするのではなく、西太平洋・インド洋全域を対象とする戦略的機動部隊の性格を有していた[15]。以下、在日米軍をアジア・太平洋地域における米軍システム、すなわち太平洋軍全体の中で位置づけながら、その兵力配置の状況を陸軍、海軍、海兵隊、空軍の順に見ていく[16]。

表2　米太平洋方面軍の米軍配置状況（1967年12月末）

［米太平洋方面軍］	総数 100万人
• ハワイ	4.8万人
• 沖縄	3.9万人
• 韓国	5.6万人
• 日本	3.7万人
• 台湾	1.4万人
• フィリピン	2.7万人
• タイ	4.4万人

（出典）*CINCPAC COMMAND HISTORY 1967*, Volume 1, Prepared by the Historical Branch, Office of Joint Secretary, Headquarters CINCPAC (Camp H.M.Smith, Hawai, 1968), p. 1.

（陸軍）　太平洋陸軍の主力は、韓国に展開していた第八軍であった。在韓米軍が北朝鮮の侵略に対応した兵力固定の部隊であったのに対し、日本本土の米陸軍は、韓国、そしてヴェトナムなどの東南アジアに展開している米軍に対する補給が主目的で、その部隊は、横浜、相模原などに駐留していた。また、沖縄には在沖米陸軍が置かれ、第九軍団の指令のもとに第一七三空挺旅団、第一特殊部隊、第七心理作戦部隊、第

図1　米太平洋方面軍の配置（1967年）

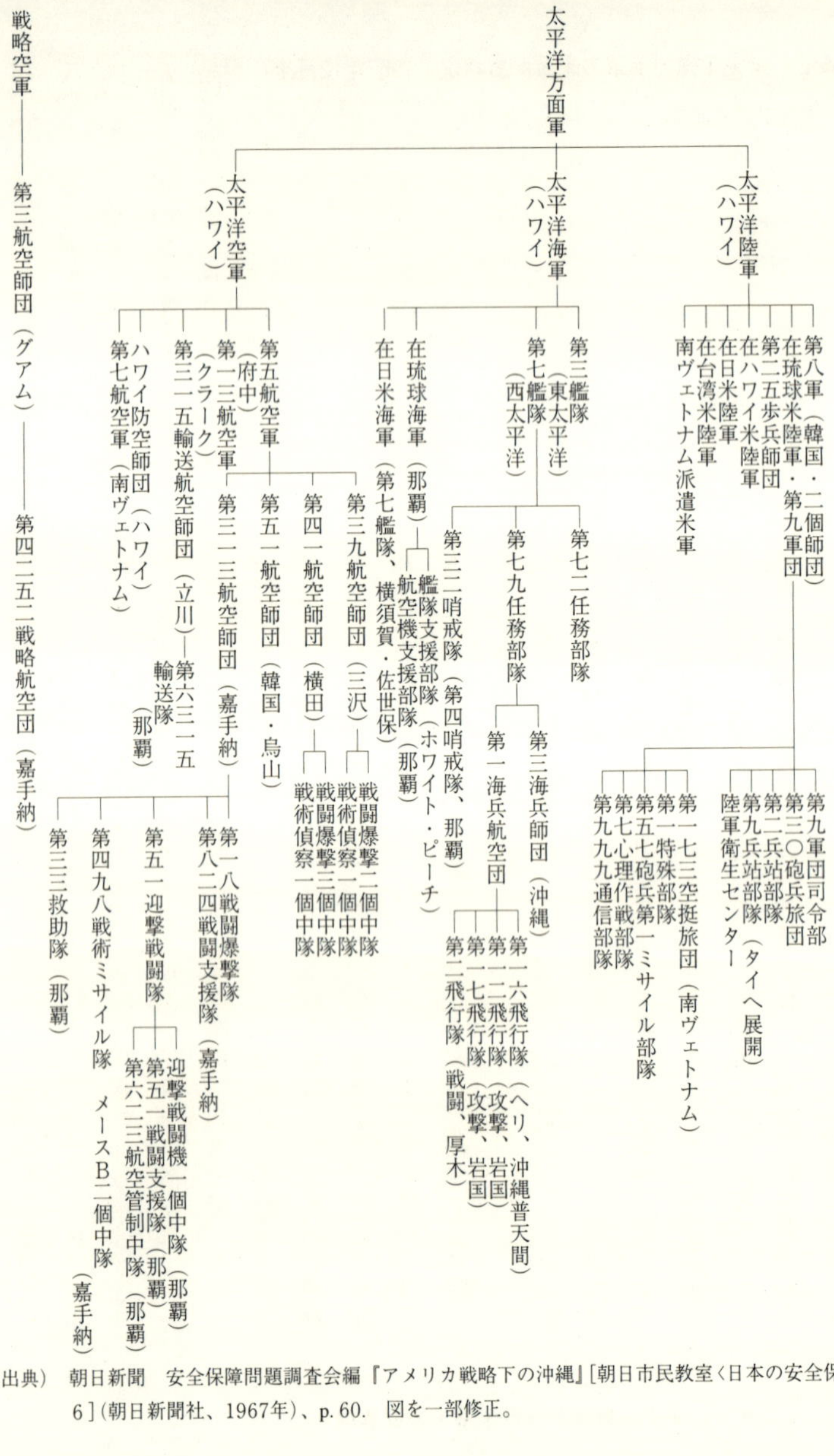

（出典）　朝日新聞　安全保障問題調査会編『アメリカ戦略下の沖縄』［朝日市民教室〈日本の安全保障〉6］（朝日新聞社、1967年）、p. 60.　図を一部修正。

五七砲兵第一ミサイル部隊などから構成され、その主たる任務はヴェトナムをはじめ東南アジアでの対ゲリラ戦争に即応的に対応可能な戦闘部隊であった。

（海軍） 太平洋海軍は、東太平洋を作戦行動地域とする第三艦隊の他、北はベーリング海から南は南極大陸、西はインド洋を含む西太平洋の海域を対象とする第七艦隊で構成されていた。第七艦隊は、ヴェトナムをはじめソ連、中国、北朝鮮の社会主義諸国をその作戦目標に置き、後述のとおり、ヴェトナムにおけるアメリカの軍事作戦の展開に大きな役割を果たした。第七艦隊は、一九六五年当時、兵力約六万五〇〇〇、攻撃空母六隻、艦艇一六〇隻以上、航空機約七〇〇〇機を備えており、その停泊、補給・支援基地として横須賀、佐世保、フィリピンのスービックを拠点とし、沖縄、韓国、台湾に補助的基地があった(17)。

（海兵隊） 海兵隊は、沖縄に司令部を置く第三海兵師団、岩国に主力部隊があった第一海兵航空団をそれぞれ展開させていた。第三海兵師団は、沖縄への米地上兵力の集中化にともなって一九五六年三月に沖縄に移駐しており、当時アメリカが海外にもつ唯一の海兵師団であった（冷戦終結後、アメリカの軍事戦略が地域紛争対応重視に転換したのに伴って、一九九二年に太平洋海兵隊が新たに創設されている(18)）。

（空軍） 太平洋空軍は、東京都の府中に司令部を置く第五航空軍、フィリピンのクラーク基地の第一三航空軍、南ヴェトナムに司令部がある第七航空軍（以前は第一三航空軍に所属していたが、ヴェトナム戦争の拡大にともない六六年三月、昇格）などで編成されていた。府中の第五航空軍は、韓国の烏山基地の他、横田、三沢、沖縄の嘉手納、那覇の四カ所に各一航空師団を配置していた。

烏山基地の部隊は在韓米軍基地の維持が中心で、実戦部隊は、日本本土と沖縄から派遣されていた。また、クラーク基地の第一三航空軍は、ヴェトナムなど東南アジアにおけるジャングルでの戦闘に対する地上戦闘支援がその中心的任務であった。

以上から理解できるように、沖縄を含む在日米軍の主力は、陸軍では沖縄の第一七三空挺旅団や第一特殊部隊、海軍では第七艦隊の攻撃空母部隊、海兵隊では沖縄の第三海兵師団、空軍では三沢、横田、嘉手納に配備されている第五航空軍の戦闘爆撃機であり、これらはいずれも前進基地への兵力配備となっていて攻撃的性格を強く持っていた。ただ、在日米大使館が一九六六年の対日政策を総括した文書「合衆国政策評価——日本、一九六六年」に述べられているように、日本本土の米軍基地の主要な機能は、アメリカのヴェトナムにおける軍事作戦行動に対する補給・兵站支援にあった(19)。

ヴェトナム戦争との関連で言えば、アメリカが戦争を本格化させた一九六五年二月からの数カ月間は沖縄駐留の部隊がアメリカの最初の地上戦闘部隊として派遣されたように、米本土から本格的にヴェトナムに地上戦闘部隊が派遣されるまで発進基地としてアメリカによるヴェトナムでの軍事作戦を支えていたのは、沖縄の米軍基地であった。そこで、以下、まずヴェトナム戦争の拡大期における沖縄の米軍・米軍基地の実態を述べ、次に日本本土の米軍・米軍基地の役割を明らかにする。

3　ヴェトナム戦争と沖縄の米軍・米軍基地

沖縄をめぐる外交・安全保障問題については、近年、アメリカ側の外交文書公開に伴い沖縄返還交渉の過程に関する詳細な研究が相次いで刊行され、また、一九九五年の沖縄での米兵による少女暴行事件とその後の基地縮小を求める市民の動き、ならびにその前後から始まった「安保再定義」の動向の中で沖縄の米軍・米軍基地の現状が明らかにされつつある。[20] しかし、ヴェトナム戦争期における沖縄の米軍・米軍基地についての研究は必ずしも進んでいない。ここでは主としてヴェトナム戦争が拡大した同時代に刊行された文献に依拠しながら、断片的ではあるが、ヴェトナム戦争後に刊行された文献や資料を盛り込みながら明らかにしていく。

(1)　ヴェトナム戦争期における沖縄の米軍・米軍基地の重要性

沖縄の米軍基地は、米陸軍が那覇軍港施設や第九軍団司令部など六五カ所、米海軍が一三カ所、米空軍が嘉手納基地など二四カ所、米海兵隊一五カ所の計一一七カ所存在していた。また、一九六六年に駐留していた沖縄の米軍兵力は、約四万三〇〇〇人であった（陸軍約一万四〇〇〇人、海軍約一二〇〇人、空軍約一万五〇〇〇人、海兵隊約一万三〇〇〇人）。[21] そして、ヴェトナムに上陸した最初の米戦闘部隊は沖縄から派遣されたことに象徴されるように、とくに一九六〇年代以降、沖縄は、ヴェトナムにおけるアメリカの軍事作戦にとって「極東最大の前進・補給基地」として不可欠の位置を占めることになった。なぜなら、沖縄が地理的に「太平洋の要石」であったのみならず、軍事戦略上から言っても、朝鮮戦争期における爆撃機の「発進基地」、アイゼンハワー政権期の「中継基地」の役割から、ケネディ政権以降は、その柔軟反応戦略のもとでの「前進基地」として重要な役割を担うものへと、沖縄の米軍・米軍基地の役割が変容したからであった。こうした沖縄の戦略的重要性について、沖縄駐留米軍（第九軍団）の総司令官を務め、同時に米沖縄高等弁務官でもあったワトソンは一九六六年六月二三日、米下院軍事委員会において以下のように証言していた。沖縄は「ヴェトナム戦争における要の軍事基地である。沖縄の米軍基地は米国と日本、および西太平洋の他の同盟諸国の防衛にとってきわめて重要である。このことは、沖縄からヴェトナムに軍隊や物資を敏速に移動できたことで示された[22]」。そして、沖縄は当時、アメリカの施政権下にあったため、日米安保条約と日本国憲法が適用されず、米軍にとっては基地の自由使用が保障され、しかも核兵器の貯蔵が可能であったことが重要であった。核兵器について言えば、沖縄には当時、メースB基地からF105戦闘爆撃機にいたる核戦力が置かれていた。

一方、日本政府も、一九六〇年代半ばにはこのような沖縄の在日米軍の役割を積極的に受けとめていた。例えば、最近公開された日本側の外交文書で明らかにされたように、当時の佐藤首相は、一九六六年一二月初頭に来日したラスク国務長官に対し、「日本政府は沖縄がアジア防衛の基地として重要だと考える」と述べていたのである。これに対し、ラスク国務長官は、「アジアの平和のはっきりした見通しが立つまで、沖縄はわれわれにとって重要である」、と述べて沖縄の米軍基地の存在意義を再度強調していた[23]。

(2) ヴェトナム戦争の拡大過程における沖縄の米軍・米軍基地機能の変遷とその実態

沖縄はヴェトナムにおけるアメリカの軍事作戦の遂行にとって重要な「前方展開戦略」の拠点として、(i)訓練基地、(ii)作戦・発進基地、(iii)補給・兵站基地、(iv)運輸・通信の中継基地、の四つの機能を果していた。そして、ヴェトナム戦争が拡大していく過程に応じて、以上四つの基地機能の役割の変化が見られた。ヴェトナム戦争が「アメリカ化」するまでは訓練基地としての機能が、そして米地上戦闘部隊が投入される最初の段階では作戦・発進基地としての機能が、次いで米軍が増派され本格的に戦争が拡大していく過程で補給・兵站基地としての機能がそれぞれ重視されていった[24]。

(i) 対ゲリラ戦争の訓練基地

アメリカはケネディ政権期に、一九六〇年の南ヴェトナム解放民族戦線結成というヴェトナムの民族解放の新たな段階に対応すべく、南ヴェトナムに対して軍事顧問を増大させ、対ゲリラ戦争を展開した。この対ゲリラ戦争の重要な訓練基地の一つが沖縄であった。米陸軍の特殊部隊がヴェトナムで活動を始めるのは一九五七年のことである。そして、これに合わせて一九五七年六月二四日に米陸軍第一特殊部隊が沖縄で活動を開始した。ケネディ大統領は一九六一年秋には特殊部隊の重要性を認識し始め、グリーンのベレー帽の着用が決められたのもケネディの承認のもとに行われたものであった。これ以後、特殊部隊は「グリーンベレー」(Green Beret) とも呼ばれるようになる。[25]

六一年一二月には太平洋海軍の管轄下にある第三海兵師団が沖縄本島北部に「対ゲリラ戦学校」(Counter-Guerilla Warfare School) を創設し、対ゲリラ戦に備えた基本的訓練を行った。また、沖縄駐留の米陸軍第一特殊部隊も、米陸軍第一七三空挺旅団とともに北部山岳地帯で同様の訓練を行った。米陸軍第一特殊部隊はアジア全域の対ゲリラ戦を担当する部隊として、南ベトナム、ラオスなどで活動を展開し、ヴェトナム戦争時には約五〇〇〇人のグリーンベレーが駐留していた（六四年一一月に米陸軍第一特殊部隊は第五特殊部隊とともに「アジア特殊活動軍」[SAFASIA] を創設)。また、南ヴェトナム政府軍の特殊部隊も沖縄で訓練を行っていた。[26]

(ii) **作戦・発進基地**

以下に詳述するように、一九六五年の二月から夏にかけて、アメリカの本格的軍事介入の即応戦力の第一陣として南ヴェトナムに派遣されたのが沖縄駐留の米軍地上戦闘部隊であった。同年七月に米本土などから増援部隊が南ヴェトナムに到着するまで、南ヴェトナムにおける軍事作戦を支えていたのがこの沖縄駐留の地上部隊なのであった。

第七艦隊の攻撃空母三隻の艦載機が最初の北爆を行った一九六五年二月七日、沖縄駐留の第三海兵師団所属の第一軽対空ミサイル大隊所属の一個中隊が南ヴェトナムに派遣された。そして、二月一八日までに同大隊のダナン配備が完了した。これが、米地上戦闘部隊で南ヴェトナムに派遣された第一陣であった。同年二月二二日には、ウェストモーランド南ヴェトナム援助司令官がダナン空軍基地防衛のため海兵隊二個大隊の派遣を要請した。これに対して同月二六日にジョンソン大統領は海兵隊二個大隊のダナン派遣を承認した。その後、恒常的北爆（ローリングサンダー作戦）が開始（三月二日）された直後の三月八日、沖縄駐留の第三海兵師団所属の第九水陸両用旅団（The 9th Marine Expeditionary Brigade, 9th MEB）の上陸大隊（BLT）三五〇〇人がダナンに上陸した。この米軍地上戦闘部隊のダナン派遣を契機に、後続の海兵隊部隊が南ヴェトナムに送り込まれた。当初、これらの部隊の任務は空軍基地防衛に限定されていたが、四月一日にはジョンソン大統領が基地からの出撃を許可したため、南ヴェトナム解放民族戦線の部隊との交戦も行われるようになった。

同年五月六日には沖縄の第三海兵師団がその司令部をヴェトナムのダナン空軍基地に移した（第三海兵師団は、一九六九年に米地上軍削減が開始されるのにともなって同年一一月その司令部を再度沖縄に移し、現在に至っている）。そして、この時期には、第九水陸両用旅団が所属する第三海兵水陸両用戦車（The III Marine Amphibious Force）が作戦を展開するようになった。同時に、沖縄配備の米陸軍第一七三空挺旅団も、米本土から地上部隊が派遣されるまでの臨時措置として南ヴェトナムのビエンホア空軍基地防衛のため派遣された。

こうして五月末には、南ヴェトナム駐留米軍兵力は、陸軍二万一〇〇〇人、海軍三五〇〇人、空軍九五〇〇人、海兵隊一万六〇〇〇人にのぼった。

同年七月、ハワイからの米陸軍第一歩兵師団が南ヴェトナムに上陸するが、以上見たように、北ヴェトナムに対する爆撃開始の六五年二月からそれまでの約五カ月の間に南ヴェトナムの米空軍基地の防衛を確保していたのは、沖縄に駐留していた第三海兵師団と米陸軍第一七三空挺旅団であり、これらの部隊がその間の米地上部隊の主力を構成していたのであった[27]。

同時に、沖縄駐留の海兵隊部隊の南ヴェトナム派遣と併せて、攻撃空母の艦載機からの南ヴェトナム領内の爆撃も開始され、六五年四月一五日に、南ヴェトナム領内への最初の爆撃がサイゴン北西の南ヴェトナム解放民族戦線の拠点を攻撃対象に展開された[28]。

(iii) 補給・兵站基地、中継基地

一九六五年三月から開始した恒常的北爆の効果が少ないことが判明すると、同年夏には、米政府部内で地上軍の増派が必要だとの認識が高まり、ジョンソン大統領は六五年七月、年末までに一七万五〇〇〇人に増派するという運命的な決定を行った。この結果、六五年末の南ヴェトナム派遣米兵は約一八万四〇〇〇人に及び、戦争の様相はその後「アメリカの戦争」へと変容を遂げていった。第三海兵師団や米陸軍第一七三空挺旅団などの戦闘即応部隊が出払い、ハワイや米本土から米地上軍が段階的に増派されるにともなって、沖縄の米軍基地の軍事的価値は、補給・兵站基地、中継基地に比重が置かれるようになっていった。

まず補給・兵站的役割の中心的役割を果したのが、沖縄駐留の米陸軍第二兵站部隊（2nd Logistic Command）であった。この部隊は、六五年一一月に米本土から沖縄に増派され、南ヴェトナムにおけるアメリカの軍事作戦に対する補給活動を行った。本格的な兵站部隊が構成されたのは朝鮮

戦争以来のことであった。そして、第二兵站部隊は、ヴェトナムの第一兵站部隊、タイの第九兵站部隊とともにアジアにおいて展開していた米軍の三つの兵站部隊の一つであった。

この部隊は、沖縄本島の牧港地区に司令部と貯蔵所、那覇軍港に軍事物資積み下ろしのためのターミナル部隊を置いていた。そして、ヴェトナムの港湾施設の改善にともない、大型輸送船による沖縄—南ヴェトナム間の海上輸送路が開設され、軍事物資は、沖縄の那覇軍港から南ヴェトナムのダナン、クイニョン、ニャチャン、カムラン、ブンタウなどの港へ運搬された。戦争のエスカレーションと相俟って沖縄からの物資積み出し量は増大し、一九六五会計年度（一九六四年七月—六五年六月）には月間平均で一万一七五七米トン（一米トンは二〇〇〇ポンド、約〇・九トン）であったものが一九六六年会計年度第四・四半期（六六年四月—六月）だけの月間平均で四万八三二九米トンに達し、この間に積み出し量は約四倍に急増したのであった。同時に、航空機による緊急輸送も激増していた[29]。

加えて沖縄は、この時期に中継基地としても重要な役割を果した。例えば、北ヴェトナムに対する爆撃が開始される直前の六五年一月にグアム配備の米戦略空軍所属のＫＣ１３５空中給油機一五機が沖縄の嘉手納基地に配備された。そして、北ヴェトナムに対する爆撃が本格化する中でヴェトナム爆撃に加わっていたグアム配備のＢ５２は、ＫＣ１３５空中給油機の空中給油を受けながら爆撃作戦を展開していた。この他、沖縄は、ヴェトナムの攻撃に加わる戦闘機の中継基地にもなっていた。

（3）沖縄における基地機能の拡大

ヴェトナム戦争が拡大していく中で、米軍は沖縄の基地拡大を計画し、その基地機能を絶えず強化しようとした。このことは同時代においても注目されたことだが、最近解禁された琉球米国民政府（The United States Civil Administration of the Ryukyu Islands, USCAR）の文書でその拡大計画の内容が次第に判明しつつある。

米軍は、基地機能を拡大するため、例えば、嘉手納基地の滑走路の拡張、給油施設の拡充、整備工場の整備、兵舎の増築を行うとともに、第二兵站部隊の拠点であった那覇軍港の物資集積場を拡張するなどの基地機能の拡充を行った。この他、当時の琉球米国民政府（USCAR）の公文書から明らかになったように、米軍は、それまであった基地の機能強化のみならず、新たな基地の建設も計画していた。一例をあげれば、一九六六年二月一八日付の「琉球の土地政策と概要」と題する文書や同年三月四日付の覚書に述べられているように、沖縄本島中南部は基地と住民が密集し、中南部での新たな基地の建設は困難との判断から、新たな基地用地として沖縄本島北部に注目し、久志村（現名護市東岸）の辺野古に海兵隊飛行場を建設しようとした。陸地と沿岸埋め立てで約六〇〇ヘクタールを確保し、建設費は一億一一〇万ドルを見込んでいた。しかし、この計画は予算削減で実現不可能となった[30]。

以上のことから理解できるように、沖縄の米軍・米軍基地はアメリカの「柔軟対応戦略」のもとでの局地戦争、対ゲリラ戦争遂行の拠点としてフルに利用された。米太平洋方面軍司令官シャープ提督は六五年一二月、「沖縄なくして、ヴェトナム戦争を遂行することはできない」と述べた。[31] そして、米中央情報局（ＣＩＡ）の内部機関でも、沖縄の米軍基地は、米海軍を除けば、他のすべての米軍にとって西太平洋における唯一最も重要な基地であると評価していたように、[32] 米軍がヴェトナムにおいて軍事作戦を遂行するうえで、沖縄の米軍・米軍基地は、不可欠な役割を果したのである。

（４）沖縄の米軍基地をめぐる日米間の政治問題化

グアム配備のＢ５２による北ヴェトナムに対する爆撃作戦は沖縄配備のＫ１３５空中給油機による空中給油をもとに展開されていたが、六五年七月二八日早朝に台風避難のためグアム基地から嘉手納基地に飛来したＢ５２三〇機が翌二九日にヴェトナムに直接飛びサイゴン近郊を爆撃した。この事態は、沖縄からのヴェトナムへの直接的戦闘行動を意味しただけに、沖縄はもとより日本本土の世論の大きな反発を招いた。米軍にとって沖縄の米軍基地の自由使用が認められているものの、沖縄の米軍基地が直接的にヴェトナムに対する軍事行動に使用されることは、日本の世論の反発を招くというディレンマをジョンソン政権が抱えていることを示すものであった。すでに述べたように、沖縄の米軍基地の積極的役割を認めていた佐藤栄作首相は、Ｂ５２によるヴェトナムに対する沖縄からの直接爆撃の権利が米軍にあることに対しては疑念を抱くことはなかった。しかし佐藤首相は、沖縄米軍基地の自由使用容認の意思を示しながらも、この事態を受けて世論の反発によって惹起されるマイナス効果についての個人的憂慮を在日米大使館に伝えていた[33]。したがって米国務省極東局はこの事態の直後の七月三一日、世論の反発と佐藤首相の個人的憂慮を念頭に、マクナマラ国防長官宛の書簡の中で、アメリカ政府として慎重に対応することを次のように進言していた。「沖縄基地の使用が緊急時に限定されるであろうとは考えていない。しかし、沖縄基地を頻繁に使用する事態に突入する前に、この問題について深く考えておかなくてはならない[34]」。

こうした世論の反発や佐藤首相の個人的憂慮があったこともあり、B52が台風避難により嘉手納に飛来した後、このように沖縄から直接爆撃作戦を展開したケースは七回にとどまった。しかし、南ヴェトナムのケサンでの情勢悪化をまえに一九六八年二月五日以降、嘉手納基地はB52の常駐基地となり、同月一五日には常駐基地化後最初のB52による爆撃が開始された。その後、嘉手納のB52は毎月約三五〇回の出撃を重ねていった。このような状況のなかで、六八年一一月に嘉手納基地内でB52の墜落・爆発事故が発生し、沖縄においては米軍基地の全面撤去をもとめる日本本土への沖縄返還運動の高揚がみられた。しかし、米太平洋方面軍と米統合参謀本部はB52の嘉手納常駐基地化の継続を強く希望したため、この状態は、アメリカの北ヴェトナム爆撃が一時停止される六九年まで継続されることになった[35]。

4　ヴェトナム戦争期における「日本本土」の米軍・米軍基地の役割

(1)「日本本土」の米軍・米軍基地の特徴

日本本土には、ヴェトナム戦争が「アメリカの戦争」の様相を呈した一九六五年には、一一七の米軍基地が存在し、在日米軍が約三万四〇〇〇人が駐留していた。「日本本土」の米軍基地は、沖縄をはじめ韓国・フィリピンなどの米軍基地と連動しながら、ヴェトナムにおける米軍の出撃、補給・修理、訓練、情報・通信、医療、休養・慰安基地としての役割を果たした。わけても、日本本土にはアジアの他の地域では求めることのできない港湾、艦船補修施設が存在した。それ故、日本本土の米軍基地の主要な特徴は、沖縄、韓国、フィリピン、そしてなによりもヴェトナムにおいて展開していた米軍の補給中継・基地の役割を担っていたことにあった。この点を象徴したものが、米軍による北ヴェトナムや南ヴェトナム、ラオス、カンボジアに対する爆撃作戦を支えていた第七艦隊の拠点となった横須賀と佐世保の米軍基地であった。日本本土の米軍基地の主要な特徴が米軍の補給基地にあったことを重点的に明らかにするために、以下の叙述では米海軍の第七艦隊の拠点となった横須賀と佐世保に限定して、ヴェトナム戦争の拡大期における日本本土の在日米軍・米軍基地の役割を明らかにしたい。その前に、第七艦隊の拠点としての横須賀、佐世保基地以外について、ヴェトナムにおけるアメリカの後方支援基地としての日本本土の米軍基地の概要を主要な点に限定して述べれば、以下のことを指摘できる。

米軍の出撃、兵站支援に関連していえば、東京都府中基地の第五航空軍の部隊がヴェトナムに向かっていた。一九六五年三月から開始される恒常的北爆作戦では、横田基地のF105戦闘機がその爆撃作戦の主力の一部となっていた。七〇年には横田基地にC5Aギャラクシー機が飛来し、軍事物資の供給・貯蔵など兵站部門での拠点であった相模補給廠で修理された戦車が南ヴェトナムへ運ばれた。また、立川基地の輸送機部隊が太平洋地域の航空作戦の中心的役割を果した。そして、沖縄の米軍基地に関する叙述部分では言及しなかったが、米軍最大の弾薬庫をもつ沖縄の嘉手納基地がこのような空軍作戦の後方支援としての役割を担っていた。[36]

同時に注目されるのが、医療基地としての在日米軍基地の役割である。ヴェトナムの戦場で負傷した兵士の多くが日本の米軍基地内の野戦病院で治療を受けた。日本本土には、埼玉県朝霞基地の陸軍総合病院、東京都王子の陸軍総合病院、横浜岸根の陸軍総合病院、神奈川県座間基地の陸軍第四〇六野戦病院、横田・立川基地の空軍病院などがあり、沖縄にも桑江に陸軍医療センター、瑞慶覧に野戦病院があった。ヴェトナム派遣米兵が約二〇万近くにおよぶ一九六六年一月に、米国防総省と米国務省は、今後の戦争の一層の拡大に備えて六六年の四半期ごとの必要ベッド数を見積もり、同年中に七一〇〇のベッド数の増大が見込まれるとして、この件についての在日米大使館の政治的判断を打診していた。[37] 実際に、戦争の拡大にともない派遣米兵の死傷者が増大し、これに対応するため、例えば、埼玉県朝霞基地の陸軍総合病院は、当初二〇〇ベッドにすぎなかったが、一九六七年には二〇〇〇ベッドに拡大されたのであった。[38]

以下、ヴェトナム戦争拡大期に兵站・補修基地として日本本土の米軍・米軍基地の役割を象徴する横須賀・佐世保の両米海軍基地の役割を具体的に紹介する。

（2）第七艦隊の拠点としての横須賀・佐世保

アメリカは一九六五年二月、南ヴェトナム解放民族戦線によるプレイク基地の攻撃を受けて北ヴェトナムに対する爆撃作戦を開始するが、この北ヴェトナムに対する爆撃を行ったのが、第七艦隊に所属する空母三隻に積載されていた戦闘爆撃機であった。その後、一九六七年には爆撃作戦の強化にともなって、世界最大級の原子力空母エンタープライズをはじめとする六隻の攻撃空母が投入されていった。また米軍は同時に、こうした空母発進戦闘機による爆撃とともに、空軍との任務分担のもとで沿岸封鎖や艦砲射撃・上陸支援などの軍事行動を展開していた。

第七艦隊の空母の太平洋ならびにヴェトナム沖での軍事作戦は半年以上に及ぶものが多く、その意味で作戦途上の補給・艦船修理が不可欠であった。そして、第七艦隊の戦闘行動に関わって補給・艦船修理の拠点的役割を果たしていたのが横須賀と佐世保の米海軍基地であった。横須賀と佐世保には一九六四年八月のトンキン湾事件以降、攻撃空母が常に出入りし、兵站・補給、修理、給油を行っていた。また、ヴェトナム戦争に参加していた米原子力潜水艦も遠征期間中に少なくとも一回は横須賀ないしは佐世保に入港していた。米上院軍事委員会軍備調査小委員会の報告書「東南アジアにおける米海軍と海兵隊」における以下の記述から理解できるように、米海軍にとっては、ヴェトナムでの軍事作戦行動を展開するうえで横須賀と佐世保の基地は不可欠な存在であった。「米海軍は日本や台湾で利用できる停泊艦船補修施設に大きく依存している。これらの補修施設、わけても横須賀と佐世保の諸施設が利用できなければ、東南アジアにおける軍事行動は重大な困難に陥るだろう(39)」。なかでも横須賀は、例えば米中央情報局（ＣＩＡ）戦略調査局の評価に明らかなように、米海軍のあらゆる艦船を停泊、補修・修理できる、ハワイ・オアフ島のパールハーバー以西の唯一の米海軍基地であると評価されていたのである(40)。

結びにかえて

東京の在日米大使館は一九六六年五月、前年の六五年における対日政策を総括した文書「合衆国の政策評価―日本、一九六五年」の冒頭で、ヴェトナム戦争の推移の中で、在日米軍基地は新たな重要性を帯び、また、日本国民はもとより日本の指導者も日米安保条約を日本の安全保障のみならず、広くアジアの安全保障全体の中で位置づけるようになっていることを以下のように述べていた(41)。

ヴェトナムでの紛争は、日本との相互安全保障条約ならびに沖縄の施政権が合衆国に付与している基地使用などの特権に新たな重要性を与えている。一九六五年を通して、［日本領土内での］輸送や通過、主要基地施設の利用、訓練や兵站支援など、東南アジアにおけるわれわれの軍事努力に対する後方支援活動に［在日米軍基地を］利用する度合いがかなり高まった。日本の人々の間では、日米相互安全保障条約を「日本の安全保障に貢献するもの」としてよりは、「極東における国際平和と安全の維持」につながるものと見なすようになってきている。この見方の転換は、日本政府によっても疑問の余地なく一般的に受け入れられるようになっている。（［　］内は、筆者注）

ここに明らかなように、ヴェトナム戦争を契機に、沖縄と日本本土の在日米軍・米軍基地の重要性が増大するとともに、アメリカ政府は日米安保体制をアジア全体の文脈で一層位置づけるようになった。そして日本政府は、アメリカのヴェトナム軍事介入政策を基本的には支持しながら、安保条約や在日米軍基地をアジアの安全保障維持との関係で認識するようになっていったのだった。また、当時佐藤首相の懸案であった沖縄返還を政治日程に乗せるためにも、日本政府は米軍基地の自由使用を認め、沖縄の米軍基地のアジアにおける役割を積極的に認めていったのであった。アメリカ外交史家の菅英輝が指摘するように、こうして、ヴェトナム戦争の拡大を契機にアメリカ政府の基本的立場を支持した日本政府の認識は、その後の日米安保体制と沖縄の米軍基地のありかたを特徴づけることになったのである(42)。

なお付言すれば、在日米大使館は、前記の文書「合衆国政策評価―日本、一九六五年」で述べているように、アメリカのヴェトナムにおける軍事行動が拡大するにつれて、沖縄や日本本土の人々はもとより、佐藤首相ら日本政府内部でもアメリカのヴェトナム政策への懸念が持たれていることを憂慮していた。同時に、この時期に沖縄返還の世論が高まり、沖縄問題が日米間の「唯一最も重要な摩擦の原因」になる潜在性を増していることも認識していた。そして、本章で対象とした一九六五―六七年の時期は、米政府部内においては、とくに沖縄の米軍基地の機能をいかに長期にわたって維持できるかを前提に、一九七〇年の日米安保条約の自動延長を射程に入れながら、沖縄返還のありかたが具体的に検討され始めていく時期でもあった。

[注]

（1） 例えば、一九六七年八月二八日―三〇日の三日間、「ベトナムにおける戦争犯罪調査日本委員会」が中心となって開催された「ベトナムにおけるアメリカの戦争犯罪と日本の協力・加担を告発する東京法廷」において、沖縄と日本本土の米軍・米軍基地の実態について多くの証言がなされた。この証言内容の一部は、ベトナムにおける戦争犯罪調査日本委員会編『ジェノサイド』（青木書店、一九六七年）、八一～一一二頁参照。他に、沖縄における米軍・米軍基地の実態について、沖縄・小笠原返還同盟編『沖縄黒書』（労働旬報社、一九六七年）が刊行された。また、当時、新聞記事や雑誌でも関連の数多くの記事・論文が掲載された。沖縄と日本本土の米軍・米軍基地の実態について明らかにした、ヴェトナム戦争期における主要な新聞記事については、吉沢南監修『新聞集成　ベトナム戦争』上・下（大空社、一九九〇年）参照。

（2） 吉沢南は、氏監修の前掲書冒頭の解説部分で以下のように述べている、「ベトナム戦争をアメリカのアジア政策、日米安保体制と関連させて構造的に分析し、個々の事件をアジアの全局のなかに位置づける、という点で弱点があったように思われる」。「〝熱い時代〟の記録――ベトナム戦争とベトナム報道」吉沢南監修、前掲書、上、五頁。ただ、アメリカの施政権下にあり、アメリカのヴェトナムにおける軍事行動の前線基地として利用されていた沖縄では、日本がヴェトナム戦争の「加害者」であることが現実から理解される環境にあった。例えば、沖縄在住の新崎盛暉は、ヴェトナム戦争が本格的に拡大され始めた一九六五年秋に、すでに以下のように指摘していた。日本のヴェトナム戦争反対運動は、「ヴェトナム戦争が米中戦争にまで発展して日本がこれに巻き込まれることを懸念するという消極的な発想に支えられる」のではなく、米軍機が「日本全土の基地を利用しつつ沖縄を経由してヴェトナムに飛び、沖縄を根拠地とする海兵隊や空挺部隊や特殊部隊がヴェトナムに送られている」現実をもとに、「日本がヴェトナム戦争の加担者であるという自覚から出発しなければなるまい」。(新崎盛暉「安保体制下の沖縄とヴェトナム戦争」『世界』第二三九号(一九六五年一〇月号)、九四頁。

(3) 例えば、ヴェトナム戦争期の日本における市民レベルの中心的反戦運動体であった「べ平連」(「ベトナムに平和を! 市民連合」)の中心メンバーの一人であった吉川勇一は、ヴェトナム戦争終結二五周年(二〇〇〇年)をめぐる日本の新聞各紙の論調には、戦争当事者アメリカとヴェトナムでの戦争総括についての言及があるものの、「この戦争にかかわった日本の役割の総括」と「日本政府の責任問題」についての評価が欠落している、と批判している。そして、「この誤った戦争への協力を可能にさせた日米安保体制について、その重大な欠陥と危険性とを検討すべき時」であることを強調している。吉川勇一「日米安保条約の批判的検討を――ベトナム戦争終結二五周年にあたって」『市民の意見30の会・東京ニュース』№・60(二〇〇〇年六月一日)。

(4) ヴェトナム戦争期における在日米軍・米軍基地の実態と役割も含め「ヴェトナム戦争と日本」について論じたもので、ヴェトナム戦争終結後刊行された邦語文献ならびに訳書としては、上記に紹介したもの以外に、主要なものとしては以下の文献がある。Thomas R. H. Havens, *Fire Across the Sea: The Vietonam War and Japan, 1965–1975*, Princeton, N. J.: Princeton University Press, 1987、吉川勇一訳『海の

向こうの火事　ベトナム戦争と日本　一九六五〜一九七五』（筑摩書房、一九九〇年）、吉沢南『ベトナム戦争と日本』［岩波ブックレット、シリーズ昭和史No．12］（岩波書店、一九八八年）、同「ベトナム戦争と日韓条約」歴史学研究会編『日本同時代史』4（青木書店、一九九〇年）、七五〜一一四頁。林茂夫「ベトナム戦争と日本」ベトナム戦争の記録編集委員会編『ベトナム戦争の記録』（大月書店、一九八八年）、二六六〜二七一頁。古田元夫「日本にとってのベトナム戦争」同『歴史としてのベトナム戦争』（大月書店、一九九一年）、一六七〜一七九頁。藤本博「ヴェトナム戦争と日米関係　一九六五年〜一九六七年——アジアにおける『冷戦史』の文脈の中で——」『社会科学論集』（愛知教育大学）第三七号（一九九八年七月）、一三七〜一七一頁。

（5）本書の執筆に際しては、米国立公文書館二号館（The National Archives II［以下、NAⅡと表記］、College Park, Maryland）所蔵史料の以下の三点を利用した。(i)アメリカの対日関係に関する米国務省史料。米国務省史料についてはNAⅡにて独自に史料調査を行うとともに、以下の関連マイクロフィッシュ・コレクションならびに刊行物シリーズを利用した。その一つが、ワシントンDCにあり、情報公開法（FOIA）をもとにアメリカの軍事・外交関係史料の解禁を積極的に推進している民間研究機関 The National Security Archive が解禁一次史料を編纂した市販のマイクロフィッシュ・コレクションである。このコレクションのタイトルは、*Japan and the United States: Diplomatic, Security and Economic Relations, 1960–1976.* ［National Security Archive and Chadwyck-Healey. Inc., 2000］。以下、本コレクションからの引用の際には、*Japan and the United States* と略記し、その史料番号を付記する。もう一つが、日本において刊行されている日米外交防衛問題に関する一次史料刊行物シリーズである。本章の執筆にあたっては、本シリーズの一部である『アメリカ合衆国対日政策文書集成（第9期）日米外交防衛問題　一九六五年』［全10巻］、『アメリカ合衆国対日政策文書集成（第10期）日米外交防衛問題　一九六六年』［全9巻］（柏書房よりそれぞれ二〇〇一年と二〇〇二年に刊行）を利用した。

(ii)米陸軍関係史料（RG 550 Records of HQ, United States Army, Pacific Military Office, Central Organizational History Series, RG472 5th Special Forces Group (Airborne)）。(iii)CIA［中央情報局］関係資料（General CIA Records）。二〇〇一年以降、CIA関係の解禁一次史料（二五年以前のもの）がCD―ROM化され、米国立公文書館二号館5Fのリサーチルームのコンピュータにて閲覧可能になっている。今回、時間的制約から米陸軍、海軍、空軍、海兵隊など軍関係機関のArchivesにおける史料調査ができなかった。他日を期したい。

（6）ヴェトナム戦争の概略については、藤本博「ヴェトナム戦争とアメリカ――アメリカの最も長い戦争――」富田虎男・鵜月裕典・佐藤円編『アメリカの歴史を知るための六〇章』（明石書店、二〇〇〇年）、二二五～二二九頁、同「二〇世紀後半期の国際関係とアメリカ的世界――「冷戦」とヴェトナム戦争――」草間秀三郎・藤本博編『二一世紀国際関係論』（南窓社、二〇〇〇年）、七二～九三頁参照。ヴェトナム戦争についてより詳しくは、松岡完『ベトナム戦争』（中公新書、二〇〇一年）、George C. Herring, *America's Longest War: The United States and Vietnam, 1950–1975*, 4th ed. New York: McGraw-Hill, 2002 参照。

（7）アメリカの「自由世界援助計画」については、藤本、前掲論文「ヴェトナム戦争と日米関係」、一四七頁参照。

（8）以上の記述に関しては、梅林宏道『在日米軍』（岩波新書、二〇〇二年）、二九～三三頁を参考にした。日米安保条約の変遷と今日的段階の特徴の全体像については、我部政明『日米安保を考え直す』（講談社現代新書、二〇〇二年）が有益である。

（9）一九六五年一月のジョンソン大統領と佐藤首相の首脳会談について詳しくは、藤本、前掲論文「ヴェトナム戦争と日米関係」、一四〇～一四三頁。「日米共同声明」については、細谷千博他編『日米関係資料集 一九四五―九七』（東京大学出版会、一九九九年）、六二四頁。

(10) 斎藤眞他編『戦後資料　日米関係』(日本評論社、一九七〇年)、四〇〇頁。

(11) 吉沢南前掲論文「ベトナム戦争と日韓条約」、九一頁。

(12) 永田亮一外務次官の発言については、同上、九二頁参照。また、「事前協議制」と密約については、我部前掲書、七三〜八八頁が参考になる。

(13) *CINCPAC COMMAND HISTORY 1967* (Top Secret), Volume 1, Prepared by the Historical Branch, Office of the Joint Secretary, Headquarters CINCPAC, Camp H.M.Smith, Hawai, 1968, p. 69. 筆者は、本稿の執筆過程で、情報公開法を利用して、ハワイの太平洋方面軍から一九六五年版、一九六六年版、一九六七年版(各二巻)の *CINCPAC COMMAND HISTORY* を入手した。この太平洋方面軍の年次報告「コマンドヒストリー」一九六七年版のなかの記述については、我部前掲書、七〇頁から最初に情報を得た。また、この年次報告六七年版の内容の一部が『朝日新聞』二〇〇二年一二月二四日付朝刊に掲載されている。

(14) ヘイブンスは以下のように述べている。「ヴェトナム戦争は安保条約の主要な目的がもはや日本を守るためなどではなく、……東アジアおよび東南アジアにおけるアメリカの戦略追求のためのものであることをはっきりと示すものとなる」。Havens, *op. cit.*, p. 84. 邦訳、一一四頁。在日米軍を米軍システム全体のなかでとらえる視点については、梅林前掲『在日米軍』、六二〜六四頁。

(15) 島川雅史『[増補] アメリカの戦争と日米安保体制』(社会評論社、二〇〇三年)、一〇九頁。

(16) 以下の叙述にあたっては、朝日新聞安全保障問題調査会編『アメリカ戦略下の沖縄』[朝日市民教室〈日本の安全保障〉6](朝日新聞社、一九六七年)、五五〜五九頁を参考にした。

(17) 吉沢前掲『ヴェトナム戦争と日本』、二八頁。

(18) "3D Marine Division History," 〈http://192. 156. 13. 108/history. asp〉太平洋海兵隊創設については、梅林前掲『在日米軍』、七一頁参照。

(19)　"US Policy Assessment-Japan, 1966," April 17, 1967, Amembassy Tokyo to Department of State (Airgram), RG59, Records of Department of State. Central Policy Files, POL 1 Japan-US, NAII, College Park, Maryland. *Japan and the United States*, No. 00663.

(20)　沖縄返還をめぐる最近の研究としては、河野康子『沖縄返還をめぐる政治と外交』（東京大学出版会、一九九四年）、我部政明『沖縄返還とは何であったのか—日米戦後交渉史の中で』（日本放送協会出版、二〇〇〇年）、宮里政玄『日米関係と沖縄　一九四五—一九七二』（岩波書店、二〇〇〇年）。また、沖縄の米軍・米軍基地の現状については、例えば、梅林宏道『情報公開法でとらえた沖縄の米軍』（高文研、一九九四年）がある。

(21)　沖縄・小笠原返還同盟編『沖縄黒書』、三三頁。

(22)　同上、五六頁。

(23)　佐藤・ラスク会談の公開文書は、外務省の「第一七回外交記録公開」（二〇〇二年一二月二四日）に含まれている。佐藤・ラスク会談の主要内容については、『朝日新聞』二〇〇二年一二月二四日付朝刊参照。この会談のアメリカ側史料については、Secretary-Sato Conversation: Okinawa, Amembassy Tokyo to Department of State (Cable), National Security File, Country File, Japan, Box 251, Lyndon B. Johnson Library, Austin, Texas. *Japan and the United States*, No. 00624. マイクロフィルム史料に掲載のアメリカ側会談文書では、佐藤首相の発言の大部分が未公開となっている。

(24)　『アメリカ戦略下の沖縄』、一二一～一二三頁。

(25)　Francis J. Kelly, *U.S.Army Special Forces* (Washington., D.C. Department of Army, 1973), pp. 4-6.

(26)　『アメリカ戦略下の沖縄』、四四～四五頁。

(27)　以上の事実については、島川前掲書、一〇九～一一〇頁、『アメリカ戦略下の沖縄』、一四～一五頁、Department of the Navy-Naval Historical Center., *By Sea, Air, and Land: An Illustrated History of the U.S.*

Navy and the War in Southeast Asia (1997) Chapter 3: The Years of Combat, 1965-1968. pp. 1-2. 〈http://www.history.navy.mil/seairland/chap3.htm〉

(28) *By Sea, Air, and Land*, p. 2.

(29) 『アメリカ戦略下の沖縄』、一七頁、「アジアと沖縄(20) 補給体制」『琉球新報』、一九六七年五月一四日、(『新聞集成 ベトナム戦争』、上、三六一～三六二頁所収)。

(30) この琉球列島米国民政府（USCAR）の公文書で明らかにされた沖縄復帰前の米軍による基地拡充計画については、『朝日新聞』二〇〇二年六月二〇付朝刊に紹介された。USCAR文書はNAⅡに所蔵されているが、この『朝日新聞』の記事によれば、沖縄県公文書館がこのUSCAR文書を収集し、沖縄の研究者、市民によって分析されているとのことである。

(31) *Morning Star*, Dec. 10, 1965.

(32) Overseas Base Requirement, Status Report No. 4 on SSDSG, Memorandum for Deputy Director for Intelligence, Central Intelligence Agency, May 2, 1968. General CIA Records, NAII.

(33) "Views of Prime Minister Sato on Use of Okinawa Bases for Vietnam War," Amembassy to Department of State (Cable), July 30, 1965, Lyndon B. Johnson Library, National Security File, Country File, Japan. Box 250, Austin, Texas. *Japan and the United States*, No. 00503.

(34) Memorandum for Secretary of Defense Robert S. McNamara from FE Bureau of Department of State, July 31, 1965. RG59 Records of Department of State, Central Policy File, 1964-1966, POL27 Viet S (DEF 15 Ryukyu-U.S), NAII. 前掲『アメリカ合衆国対日政策文書集成（第９期）日米外交防衛問題 一九六五』第一巻、九頁参照。

(35) "B-52 Basing on Okinawa," Secret Fact Sheet No. 2 by Joint Chiefs of Staff, March 7, 1969. *Japan and the United States*, No. 01051.

(36) 島川前掲書、一一七～一一八頁。

(37) Joint State / Defense Message to Amembassy Tokyo, Jan. 21, 1966. RG 59 Records of Department of State, Central Policy File, 1964-66, DEF15-5 Japan-US (POL27) Viet S), NAII, College Park, Maryland.

(38) 林茂夫前掲論文、二六八頁。

(39) *U.S. Navy and U.S. Marine Corps in Southeast Asia,* Investigation of the Preparedness Program, Report by Preparedness Investigating Subcommitte of the Committee on Armed Services, United States Senate, April 6, 1967, Washington, D.C., Government Printing Office, 1967. p. 7.

(40) Overseas Base Requirement, Status Report No. 4 on SSDSG, General CIA Records, NA II.

(41) "US Policy Assessmnet-Japan 1966," May 2, 1966, Amembassy Tokyo to Department of Sate (Airgram), RG 59, Records of Department of State, Central Policy Files, 1964-1966, POL 1 Japan-US, NAII, College Park, Maryland. *Japan and the United States,* No. 00560.

(42) 注記(23)の佐藤・ラスク会談に関する外務省外交文書公開についての菅英輝のコメント。菅英輝はそのコメントの中で、その会談において在沖米軍基地の極東地域における役割を積極的に認める佐藤首相の姿勢を、冷戦後の安保再定義になぞらえ、「第一の再定義だった」と見ている（『朝日新聞』二〇〇二年一二月二四日付朝刊）。ヴェトナム戦争の拡大の時期に、沖縄をはじめ在日米軍基地が広くアジア全体のなかで位置づけられたことを理解することは、沖縄を含む日本がヴェトナム戦争に間接的に加担したことに着眼するうえで重要である。

〔付記〕本稿は、二〇〇二年度「南山大学パッヘ研究奨励金ＩＡ」による研究成果の一部である。

3

一九七〇年代・一九八〇年代の日米関係

——日米関係の「国防総省化」

宮川佳三 *Miyakawa Yoshimitsu*

序

日本の世界との関りは「アジア・太平洋戦争」での敗戦、それに伴って生じたアメリカを中心にした占領政策で始まった。アメリカの封じ込め政策を受けて、日本はアメリカの外交政策・安全保障政策の中に位置付けられ、アメリカとの関係の中で日本は国際社会における役割を考えてきた。戦後久しく待望してきた国際社会への復帰はアメリカの対共産主義政策の中で可能になり、処理されることになった。一九五一年九月八日にサンフランシスコ講和条約署名、それに伴って可能になった日米安全保障条約署名、一〇月二六日の衆議院での両条約承認と一一月一八日の参議院での承認、そして翌年の四月二八日の発効により、日本は再独立し、国際社会の一員となった。

このような事情から容易に分かるように、このような形での日本の国際社会への復帰は、日本の独自の政策選択であったと一方では議論されるが、日本の対米従属の道を容易に拓くことになったとも言われ、日本がアメリカの世界戦略に組み込まれることであった。その後の事態の展開を観ると、結果的に対米従属を特徴とする日本の戦後の国際社会での行動の始まりが確かにここにある。日米安全保障条約に基づき日本はアメリカとの間で同盟関係を結ぶことで、国際社会において対ソ連封じ込め政策を遂行するアメリカに協力する道を選択した。そうすることで日本はその後の方向を明確にすることになった。つまりアメリカの戦略のために、戦後まもなくして作られた日本国憲法の前文及び第九条が明確にしたいわゆる「平和主義」——非軍事化——を否定する、過去において日本を含む多くの国が歩んだ道に舞い戻ることになり、約五〇年の時間の経過の中で、アメリカの安全保障戦略に協力する形で日本の軍事化——国防総省化——が促進されていくことになった。そのことは日本国憲法の平和主義からますます遠ざかることを意味した。

この章では、「アジア・太平洋戦争」での日本の敗北後のおよそ六〇年の日米安全保障関係を、特に一九七〇年代と一九八〇年代を中心に、検討する。アメリカの外交・安全保障政策と日米関係を考えるとき、この二〇年の期間はその前後の期間を繋ぐ重要な期間として位置付けることができる。一九五〇年代に入り軍事化の傾向を見せ始めた日米関係は時の流れと共にますますアメリカの外交・安全保障政策に関りを持つ形で深まっていった。

一九六八年一一月の大統領選挙でのリチャード・ニクソンの当選はアメリカの外交・安全保障政策に大きな変革をもたらすことになった。というよりもニクソンの当選を可能にしたのは、アメリカの有権者が外交政策の変革を必要と判断したことにあるといえる。特にヴェトナム戦争の長期化・泥沼化は、アメリカ人に自国の外交政策・安全保障政策の再検討が必要なことを痛感させることになった。なによりもニクソン自身、どのようにすればヴェトナム戦争から名誉を失うことなく撤退することができるか、を構想し、同時に戦後二〇年余の冷戦を前提としたアメリカ外交・安全保障政策の大変革のプログラムを打ち出した。「ニクソン・ドクトリン」といわれるこのプログラムは日米関係に大きな変革をもたらした。「沖縄返還」、返還に伴ってなされた在日アメリカ軍基地にかかわる諸経費の日本による負担増、そのことを契機にした「思いやり予算」、日米安保条約及び地位協定を触ることを回避し、策定された一九七八年の「日米防衛協力のための指針」などにより日本の軍事努力は加速していった。

1 日米関係における沖縄

戦後日米同盟関係において、もっとも特徴的なことは、沖縄が本土から切り離され、アメリカの軍事戦略の中に完全に位置付けられ、軍事施政の下に置かれることになったことである。この特徴は、特に沖縄返還（復帰）を目指す運動を考える時に改めて認識させられる。そしてこの特徴は、「アジア・太平洋戦争」を公式に、しかし一部の戦勝国との間で、終焉させたサンフランシスコ講和条約に起源を求めることができる。このことはとりもなおさず、当時の国際社会の冷たい現実・

環境――アメリカとソ連の間の「冷戦」状況――を顕著に反映していた。いわゆる「単独（片面）講和」と言われ形による講和条約によって日本は政治的に、そして軍事的にも、冷戦の一方の側に決定的に組することになり、「占領軍」が即「駐留軍」として日本に留まることになった。しかし日本におけるこのアメリカの軍事プレゼンスは日本本土と沖縄（地域）では異なった。日本本土に関しては「サンフランシスコ講和条約」の第六条が、そして沖縄に関しては第三条が、そのことを示している(1)。

ここでは、後で取り上げることになる沖縄返還・復帰（施政権の日本への返還・復帰）の準備として、沖縄の地位に関して、サンフランシスコ条約第三条を少し見ておきたい。すでに始まっていた、アメリカの東アジア・極東における軍事戦略に日本を組み入れるための方策として沖縄と日本本土を明確に区別・分離し、特に沖縄（地域）に関しては、当該地域を国際連合の委任統治制度の下に置くことにより、アメリカによる植民地化の非難を回避し、沖縄の司法・行政・立法のすべての権限をアメリカが完全に行使できる道を用意し、結果的に沖縄（地域）のアメリカによる軍事占領を可能にすることに成功した。講和条約第三条は「日本国は、北緯二九度以南の南西諸島（琉球及び大東諸島を含む。）……を合衆国を唯一の施政権者とする信託統治制度の下におくことにする国際連合に対する合衆国のいかなる提案にも同意する。このような提案が行われ且つ可決されるまで、合衆国は、領水を含むこれらの諸島の領域及び住民に対して、行政、立法及び司法上の権力の全部及び一部を行使する権利を有するものとする」と規定した。戦後沖縄の政治が、日本本土の政治とその有り方を大きく異なった形で展開されることになった起源がここにある。そして共産主義勢力の拡大を懸念し、封じ込め政策をヨーロッパから更にアジア、特に北東・東南アジアにその対象の地理的範囲を広げたことにより、沖縄の軍事戦略上の有用性に重きを置いたアメリカ、特に国防総省は一貫して沖縄の一方的管理――恒久的アメリカ軍基地――に固執しつづけた。そして残念なことに、日本政府もそうしたアメリカの政策に好意的な態度をしたたかに執った。一九五〇年代後半からすでに起こり始めた復帰運動に対して、日本政府は、あたかも沖縄問題が「アメリカの国内」の問題であるかのように、冷たい姿勢をとり続けた。本土のために沖縄は犠牲とされたと言っても過言ではない。

2 日米安全保障条約改定

(1) 条約改定の背景と交渉

一九五五年は日本の政治が大きく変化した。一九五四年、政権を担っていた自由党の内部分裂が野党の進歩党との合併の道を拓き、民主党が結成された。吉田内閣総辞職により、民主党の鳩山一郎を首相とする政権が発足した。翌年に行われた総選挙の結果、政党再編が行われ、自由民主党が結成された。

国際社会の政治・経済・安全保障の環境が良好になったことにより、鳩山政権の下で国際社会と日本の関係に改善が見られた。いうまでもなくソ連・中国との関係改善の努力がそれである。更に日本自身の政治・経済・安全保障の面での変化もあった。対共産主義国との関係改善とバランスをとるためには対日関係を軌道修正する必要があるとの判断があったと思われる。

日米安全保障体制の中の日本は、一九五〇年代半ばにアメリカとの安全保障関係に変更の必要性を意識し始めた。旧安保条約の、更に行政協定の「片務性」への見直しを中心にした条約改定を政治課題にした。この「片務性」は、日米間の安全保障の観点では、旧安保条約は、日本に対して基地を提供する義務をアメリカに約束しているが、他方アメリカは日本を防衛する義務を負わされていないとする考え方から生じてくるものである。基本的に、旧安保条約は、結ばれた当時の事情を反映して、独立国の間の条約ではなかった。幸い、旧条約は、アメリカ軍の維持を暫定的なものとしていた。条約の前文（一部）は「平和条約は、日本国が主権国として集団的安全保障取極を締結する権利を有することを承認し、さらに、国際連合憲章は、すべての国が個別的及び集団的自衛の固有の権利を有することを承認している。これらの権利の行使として、日本国はその防衛のための暫定措置として、日本国に対する武力攻撃を阻止するため日本国内及びその附近にアメリカ合衆国がその軍隊を維持することを希望する」と記していた。

日本側では、一九五〇年代半ばから条約改定に向けた動きが始まっていた。初期の段階の動きとして、例えば、一九五五年八月二九日から三一日にかけてワシントンで行われた日米会談がある。重光葵外相は、安保条約の片務性を正すことをアメリカ側に提案したが、ダレス国務長官の受け入れるところとならなかった。逆にダレスから片務性を正すことの意味を問われることになり、現実的に考えて、日本が本当にアメリカと安全保障政策の面で対等でありうるのか——つまり日本がアメリカと対等な形で軍事的責任を引き受けることができるのか——と詰問されることとなった。確かに、第九条を有した憲法や日本国民の感情を考えると、日本の提案には無理があった。共同声明（一九五五年八月三一日）によると、「日本が、できるだけすみやかにその国土の防衛のための第一次的責任を執ることができ、かくて西太平洋における国際の平和と安全の維持に寄与することができるような諸条件を確立するため、実行可能な時はいつでも協力的な基礎に立って努力すべきことに意見が一致していた。また、このような諸条件が実現された場合には、現行の安全保障条約をより相互性の強い条約に置き代えることを適当とすべきことについても意見が一致した」。更にこの声明によると、このような条約を締結するために、東京で防衛問題に関する協議を行い、「日本自体の防衛力が増大するに伴い、アジアにおける関連した事態を考慮しつつ、米国の地上部隊を漸進的に撤退させる計画を樹立することについて考慮をはらうべき」との意見の一致をみた。

いずれにしろ、安保条約改定が日米間の当面の政治課題として浮上してきた。基本的には、同盟関係を維持し続けることの重要性を基本認識として、日本が防衛力の増強を、日本の政治・経済面での安定を損なわない形で、推し進め、防衛責任を引き受け、アメリカは日本のそのような努力の具体化に伴ってアメリカ軍を削減・撤退することが日米両国間で確認された。

一九五五年八月末の重光・ダレス会談は条約改定の先行きの明るい展望を必ずしも開くことがなかったが、一九五七年二月の岸内閣の成立は条約改定を促進させることになった。条約改定の前提として岸政権は防衛力増強を推進することにより、アメリカ側の改定への理解に期待した。防衛二法の改正、「国防の基本方針」の決定、更に「第一次防衛力整備計画」は日本の防衛力増強の前向きの姿勢を目に見える形で示すことになった。このような準備はアメリカをして条約改定を受け入れさせるささやかな第一歩となった。岸首相は六月一六日から七月一日までアメリカを訪問し、安保条約改定を申し入れた。アメリカの改定に対する消極的な姿勢を大きく変えることはできなかったが、「安全保障に関して生じる問題を検討するために政府間の委員会を設置する」ことで双方の意見が一致した。

岸・アイゼンハワー会談で意見の一致をみた「日米安全保障委員会」は八月六日に発足し、条約改定に向けて日米双方が作業を開始した。委員会の成果の一つとして、藤山外相とマッカーサー駐日大使の間で「日米安保条約と国連憲章との関係に関する交換公文」が九月一四日にとりかわされた。そして改定交渉の合意が一九五八年九月中旬の藤山外相訪米の際に両国の間で成立した。九月一一日の藤山・ダレス共同声明は条約改定の意思を明瞭に示した。日本側が改定にあたって要請した点は、アメリカの日本防衛についての援助義務の明確化、憲法が許す範囲内での日本の義務、在日アメリカ軍の配備・装備の重要な変更や在日アメリカ軍の海外出動に関して日本政府との事前協議、条約の期限化などであった。

条約改定交渉は一〇月に日本で始まり、一九六〇年一月六日に最終的な結論に到達した。旧安保条約「日本国とアメリカ合衆国との間の安全保障条約」は、その名称を変えて、「日本国とアメリカ合衆国との間の相互協力及び安全保障条約」となり、一月一九日に署名され、六月二三日に発効した。この条約（現行条約或は新条約）と同時に「日米安保条約第六条の実施に関する交換公文」、

「日米安保条約第六条に基づく地位協定」及び関連文書も調印された。新たな安全保障体制は両国の関係の性格の幅を広げることになった。とはいうものの、アメリカにとって日本との関係の第一の優先は、冷戦を戦い抜くための軍事戦略を世界的規模で遂行していく一環として日本を軍事的協力国にし続けることにあった。この新たに改定された安保条約や地位協定は、新条約の第一〇条の最初の一〇年の有期限規定及びその後の終了手続き規定が用意されているものの、今日まで維持され、運用されている(2)。

新条約は、五条から成る旧安保条約を基礎として改定され、一〇条より成る。この条約及び地位協定が明確にしたことは、アメリカは、日本が攻撃され時に、防衛援助の義務を負うことになったことであり、他方日本は、日本の施政権下にある領域に駐留するアメリカ軍に対する攻撃に対して、自衛権を発動して対応する義務を負ったことである。そして日米両国の一方が極東の安全と平和が脅かされた場合、互いに協議することを約束した。その上、行政協定によって、在日アメリカ軍の配備・装備の変更や海外への戦闘作戦行動に関して日本政府と「事前に協議」することを約束した。つまり、新安保体制は日本をアメリカの世界戦略の一部を担わせることになり、特にアメリカの北東アジア政策に積極的にコミットさせることになった。今日に至る日本の安全保障政策がこの新安保体制の下で遂行されてきた。

(2) 地位協定と付属文書：「事前協議制度」

新安保条約第六条が扱った「施設及び区域」と「アメリカ合衆国軍隊」の日本における法的地位を明確に規定するために、更には一九七〇年代半ばに大きく取り上げられることになった「思いやり予算」につながるアメリカ軍維持のための「経費」について規定するために地位協定が用意された。これらのことがらは、一九七二年に沖縄の施政権が日本に返還されることでより重要な問題になるので、ここで地位協定についてみておきたい。

新安保条約は地位協定と「事前協議」に関する関連文書を必要とした。地位協定は条約の第六条に基づき、旧安保条約と抱き合わせの行政協定を引き継ぐ形で、用意された。この地位協定は正式には、「日本国とアメリカ合衆国との間の相互協力及び安全保障条約第六条に基づく施設及び区域並びに日本国における合衆国軍隊の地位にかんする協定」で、二八条より成り、在日アメリカ軍にさまざまな権利——特権——を保障している。そのことは、なにはともあれ、日本独自の安全保障政策の構築から遠ざかる——同時に日本が戦後冷戦が本格的に始まる直前に作られた憲法の非武装平和主義からも遠ざかることを意味する——形でアメリカの極東・世界戦略に日本を組み込ませることになった。アメリカ軍による日本防衛の義務を受け入れさせることになったことで、いわゆる「双務性」を実現したと言われるれるが、なんのことはない、より深くアメリカの思惑通りにアメリカの安全のための極東の要石の役を担っていく結果となった。

後に沖縄返還により注目されることになった「事前協議」と「アメリカ軍基地にかかわる経費の

負担」の問題は新安保条約・地位協定・交換公文にまで遡る。地位協定の第二四条は、在日アメリカ軍基地の経費負担について次のように規定している。

1 日本国に合衆国軍隊を維持することに伴うすべての経費は、2に規定するところにより日本国が負担すべきものを除くほか、この協定の存続期間中日本国に負担をかけないで合衆国が負担することが合意される。

2 日本国は、第二条及び第三条に定めるすべての施設及び区域並びに路線権（飛行場及び港における施設及び区域のように共同に使用される施設及び区域を含む。）をこの協定の存続期間中合衆国に負担をかけないで提供し、かつ、相当の場合には、施設及び区域並びに路線権の所有者及び提供者に補償を行うことが合意される。

この条文によれば、地位協定の下では、日本は基地提供にあたって必要な土地の借り上げ料と補償費を払うことを約束している。一九六〇年代においては日本政府による財政負担は実質的にさほど大きなものでなかったと思われる。その後沖縄返還を契機に徐々に負担が増えていくことになった。このことについては後で改めて取り上げる。

新安保条約締結のもう一つの特徴は、条約第六条に関して「事前協議」が導入されたことにある。条約第四条「締約国は、この条約の実施に関して随時協議し、また、日本国の安全又は極東における国際の平和及び安全に対する脅威が生じたときはいつでも、いずれか一方の締約国の要請により協議する」を拠り所にした制度である。第六条「日本国の安全に寄与し、並びに極東における国際の平和及び安全の維持に寄与するため、アメリカ合衆国は、その陸軍、空軍及び海軍が日本国において施設及び区域を使用することを許される」により、日本はアメリカ軍に対して日本国内においわゆる「基地」を提供しなければならない。「日本国の安全に寄与し、並びに極東における国際の平和及び安全の維持」のために、アメリカ軍は基地を「ほぼ自由に」使用できるということになっている。しかしいくつかの事態を想定して、「事前協議」の必要性を日米両国の間で確認し、この「自由な使用」に歯止めを用意した。この制度の導入は、日米間のもう一つの双務性（対等性）の実現を具体化したものと理解されている。つまり事前協議により、アメリカ軍の基地使用に関して日本の判断の主体性が確認されたことである。

それではこの「事前協議」はどのような事態を想定して設けられた制度なのであろうか？「事前協議」制度は、一九七〇年前後に日米間で問題になる沖縄返還交渉に際して大きな問題になるので、ここでその制度が導入された経緯を整理しておきたい。条約締結と同日の一九六〇年一月一九日付の「日米安保条約第六条の実施に関する交換公文」は、「合衆国軍隊の日本国への配置における重要な変更、同軍隊の装備における重要な変更並びに日本国から行なわれる戦闘作戦行動（前記の条約第五条の規定に基づいて行なわれるものを除く。）のための基地としての日本国内の施設及び区域の使用は、日本国政府との事前協議の主題とする」とし、日米両国は事前協議を必要とする事態の想定を共有したことを示している。しかしこの交換公文は発表当時から具体性に欠けるものとして問題にされた。この具体性の欠如は、およそ八年後の一九六八年四月二五日に国会に提出されることになった一九六〇年一月一九日の「藤山・マッカーサー口頭了解」により、解消されたことになっている。それは次のようになっている。[3]

日本政府は、次のような場合に日米安保条約上の事前協議が行なわれるものと了解している。

1．「配備における重要な変更」の場合

陸上部隊の場合は一個師団程度、空軍の場合はこれに相当するもの、海軍の場合は一機動部隊程度の配置

2．「装備における重要な変更」の場合

核弾頭及び中・長距離ミサイルの持込み並びにその基地の建設

3．わが国から行なわれる戦闘作戦行動のための基地としての日本国内の施設・区域の使用

「交換公文」の「日本国への重要な配置の変更」を「口頭了解」に重ね合わせて考えると、事前協議の対象になるのは日本国内における大規模なアメリカ部隊の変更を意味する。他方、アメリカ部隊の日本以外の地域への移動は対象外とされていると理解される。「事前協議」に関する三つの項目についてより詳しく、外務省情報文化局の『新しい日米間の相互協力・安全保障条約』の第四節「事前協議に関する交換公文」が説明している。特に「事前協議制度」の趣旨を次のように説明している。[4]

ここで一定の事項を日本政府との事前の協議の主題とすることとした趣旨は、米国のこのような措置ないし行動が日本側の意向に沿わないようなことがないようにするためである。したがってわが国の意に反して米側がそれらの行為をすることは、この事前協議制度の趣旨からいってありえないことである。この点は条約交渉の過程において日米間に十分了解されていたところであるが、それがさらに条約の署名と同時に行なわれた日米共同コミュニケにより確認された。すなわち事前協議にかかる事項については、米国政府は日本政府の意思に反して行動する意図のないことが保障されたのである。

この日本政府の事前協議に関する説明はアメリカの事前協議に対する姿勢に好意的である。一つ目の「変更」についての説明はないに等しい。このことはこの変更に関してはアメリカ軍の日本国内における配置変更が将来的に予定されていないと政府が判断していたからであろう。それに対して、第二項目及び第三項目についてはしっかりと説明されている。

二つ目の「米軍の装備における変更」は核兵器の日本への「持ち込み」を意識したものであるが、具体的には中身がはっきりしていない（日本政府が「非核三原則」をまとめたのが一九六八年三月）。その点に関しては、外務省情報文化局の次のような解説が参考になる。

（2）米軍の装備における重要な変更

これは核兵器というものに対する日本国民の強い反対にかんがみて、日本側が知らないうちに核兵器が持ち込まれたりするようなことのないようにするために設けられた規定である。米国政府も核兵器の問題についての日本国民の感情をよく知っているので、日本に核兵器を持ち込もうなどと考えていないはずであるが、かりにそのような希望をもって協議してきたとしても、政府としてこれに応ずる意向のないことはいうまでもない[5]。

実際、核兵器の扱い方は日米安保体制の中で常に問題になり、今日にいたっている。核兵器をめぐる問題は沖縄返還交渉の過程で再び深刻な日米間の交渉課題として浮上することになる。日米安全保障条約、地位協定、「事前協議」にかかわる交換公文、口頭了解、政府による説明は日本がアメリカの軍事戦略のための前線基地としての役割を担わされていることを示している。確かに、アメリカは日本に軍事戦略上関心を持ち、在日アメリカ軍基地を、アメリカの通常兵器・核兵器を組み合わせた軍事戦略を遂行するために、拘束なく維持・運用するかを対日交渉に際して常に意識してきた。それ故に、「事前協議制度」の下で扱われたアメリカ軍の作戦行動における基地の自由な使用と核兵器の持ち込みの問題は、結果的に国防総省にとって好ましい解決を見たといっていい。事実は、新安保条約の成立以来今日まで、アジア更に遠くは中東でアメリカが関わりあった軍事紛争で日本は直接的にあるいは間接的に関わったはずであるが、その間、これまで知られている限りにおいては、一度も「事前協議制度」故にアメリカ軍の行動が制約を受けたことを示す記録はない。

3　一九六〇年代の沖縄施政権返還交渉開始の背景

（1）沖縄返還交渉の始まり

一九六〇年代の日米関係は、苦労の末に締結された新安保条約を軸にして、「日米新時代」に入っていくことになった。それも日本もアメリカも「新日米時代」を用意した政権が交代する事態の中で日米関係は動き始めた。一九五〇年代のアイゼンハワー政権の下で副大統領職を務めたリチャード・ニクソンを破りジョン・F・ケネディが第三五代大統領となった。ケネディは「ニュー・フロンティア」を掲げて大統領となり、アメリカに新しい夢と希望を持ったヴァイタリティの回復が必要であると訴えた。

ケネディ政権下の日米関係は、新安保条約を巡って日本の世論が高ぶっていたが、「日米新時代」の日米関係を構築するアメリカの努力のおかげで、日本における懸念された反米主義の台頭は杞憂に終わり、良好なものとなった。

日本では池田勇人首相が所得倍増論を掲げ、「経済成長」路線を軌道に乗せたことで、池田政治に対して国民は信頼を寄せ、日米の前政権の下での安全保障体制のあり方を巡る不安・懸念から少しずつ解き放たれ、安保条約や再軍備（軍事力増強）の問題に対する関心を弱めた。

しかしこのようないささか平穏な日米関係も、一九六〇年代が進むにつれて、政治・経済・安全保障の面から徐々に変化を見せ始めた。日米間で懸案になっていた沖縄の施政権返還の問題は、アメリカのヴェトナムへの軍事力を用いた介入をきっかけにして、特に大きな問題として浮上し、日米関係の基盤を揺り動かすことになった。

一九六三年一一月二二日のケネディ大統領の暗殺により後を継いだリンドン・B・ジョンソン大統領の政権下で、ヴェトナムでの事態は深刻化した。特に一九六四年八月二日と同四日に起こった「トンキン湾事件」がそのきっかけになった。この事件を受けて、ジョンソン大統領は「アメリカ軍に加えられた度重なる攻撃を黙視することはできない。積極的行動によって応酬しなければならない」と述べ、北ヴェトナムへの報復攻撃を命じ、同時に議会に決議を求めた。その結果、上下両院は「東南アジア決議(トンキン湾決議)」を八月七日に採択し、大統領に戦争権限の白紙委任を与えた。ヴェトナム戦争はジョンソンの戦争になり、アメリカの戦争になっていった。

このアメリカのヴェトナムへの本格的な軍事介入は六〇年代前半の良好な新たな日米関係に好ましくない影響をじわじわと及ぼすことになった。アメリカがヴェトナムで戦闘行動を展開するに際して、当然在日アメリカ軍基地そしてアメリカが施政権を持っている沖縄からの軍事行動はアメリカの戦争への日本の加担以外のなにものでもない、と日本国民の多くは思い、改めて「安全保障(軍事)化された」=「国防総省化された」日米関係に彼らの批判的な目が向けられた。反ヴェトナム戦争と沖縄返還・復帰が一体のものとなって、戦後最大の日米関係の問題になった。

反ヴェトナム戦争運動は脱イデオロギーの平和運動を目指したものであったことで、より多くの国民の注目するところとなり、それ故に日本政府は、台頭しつつあった憲法の精神に基づく「平和主義」と戦後時間をかけて構築してきたアメリカとの安全保障体制に基づく「対米機軸路線」の間で、沖縄の施政権返還問題をめぐって、揺れ動くことになった。

沖縄の施政権の日本への返還は日本政府にとっても本土・沖縄の人々にとっても長年の懸案であった。施政権返還の構想は一九五〇年代末にアメリカにおいて、特に文官の間で、検討されたことがあった。しかし当然のことながら、沖縄を軍事的に統治する責任を負っていた軍部の反対で立ち消えになっていた。しかし一九六〇年代に入り日米両国において沖縄の状況——沖縄と本土の間で顕著にみられる経済・社会状況の格差——に目が向けられるようになってきていた。ライシャワー大使の影響があったと思われるが、ケネディ大統領は一九六二年三月一九日に沖縄の行政に関する新措置を発表し、「琉球諸島が日本本土の一部であることを認め、そして自由世界の安全保障上の利益が完全な日本の行政への沖縄の返還を可能にする日を私は待望する」と述べ、返還を展望してはいたが、基本的姿勢は施政権の維持であった。そうすることによって、ケネディ政権の柔軟反応戦略の極東への展開にとって必須な前進基地として沖縄をあくまでも維持しつづけることであった。確かに、ケネディは同時に大統領行政命令１０７１３（一九五七年）を改訂し、米民政府の民政官を軍人から文官に変え、それまでの高等弁務官による任命から大統領による任命に切り替えた。アメリカの沖縄政策にわずかとはいえ変化が見られた[6]。

(2) 日米両政府と沖縄返還問題

沖縄返還に対する日本政府の姿勢にも変化が見られるようになった。池田勇人の後をうけて一九六四年一一月九日に政権を担うことになった佐藤栄作首相は自身の政治課題として沖縄の施政権返還を取り上げた。佐藤は一九六五年一月一二日・一三日にアメリカを訪問し、ジョンソン大統領と会談し、共同声明を出した。一四項目の内の一一番目の項目は「大統領と総理大臣は、琉球及び小笠原諸島における米国の軍事施設が極東の安全のため重要であることを認めた。総理大臣は、これらの諸島の施政権ができるだけ早い機会に日本へ返還されるようにとの願望を表明し、さらに、琉球諸島の住民の自治の拡大及び福祉の一層の向上に対し深い関心を表明した。大統領は、施政権返還に対する日本の政府及び国民の願望に対して理解を示し、極東における自由世界の安全保障上の利益が、この願望の実現を許す日を待望していると述べた」と記録した[7]。アメリカの声明はケネディ大統領の声明とまったく同じものであった。同日佐藤首相はナショナル・プレス・クラブでの演説で「沖縄が日本本土に復帰することと、沖縄の基地がその機能を有効に果たすこととは矛盾するものではなく、むしろ沖縄の早期返還こそ、長期的に日米関係を確固たる基礎に置きアジアの安全と平和に寄与するものと確信するものであります」と、改めて沖縄返還への強い姿勢を示した。その佐藤は一九六五年八月中旬に現職として戦後二〇年で初めて沖縄を訪問し、「私は沖縄の祖国復帰が実現しない限り、わが国にとって『戦後』が終っていないことをよく承知しております」と発言し、沖縄返還実現の強い姿勢を明確に日本にそしてアメリカに向けて示した[8](一九五六年に『経済白書』は「もはや戦後ではない」と誇らしげに述べた。それからおよそ一〇年経って、佐藤首相の発言が出た。この一〇年間の日本の発展・成長には目を見張るものがあった）。

一九六〇年代は沖縄返還問題解決のターニング・ポイントになった。沖縄返還を視野に入れた地道な動きがケネディ政権の下で始まっていた。先に紹介したケネディ大統領の沖縄に対する新しい措置声明がそのことを反映していた。確かに、沖縄統治に関するケネディ政権のアプローチの仕方は日本との関係を協調的なものにした。ケネディ政権を受け継いだジョンソン政権も、基本的にこの協調路線を継続させ、発展させた。国務省を中心にアメリカ政府は、沖縄返還の問題が日米関係を悪くする可能性が極めて高い、と認識するようになっていた。そしてこの認識はライシャワー大使の貢献によるものといっていいであろう。沖縄返還の問題はアメリカが動かないことには出口が見出せない性格のものであった。国務省のイニシアティヴが日米間でこの問題解決の糸口を探る第一歩となった。日米関係を政治的に考えたときに、沖縄返還問題に、状況判断を正確にして、的確に対処することは必須のことである。この点国務省を中心にしたアメリカ政府の動きは重要である。

しかしながら、沖縄の問題は、政治的であるよりはより軍事的であった。施政権を日本本土と切り離してまで維持・確保しようとしたアメリカは、沖縄をアメリカの軍事戦略の観点から見て、完全な行動の自由を享受しうるように、確保する必要があった。言い換えれば、アメリカは、特に軍部は、サンフランシスコ講和条約第三条により保有を確保した「事実上の主権」を手放すことは考えられないことであった。とりわけ「トンキン湾事件」をきっかけにした軍事力によるヴエトナム介入は（日本本土はもちろんのこと）沖縄を前進・中継・補給基地として不可欠な戦略拠点と位置づけることになった。一九六五年二月七日から始まったアメリカ軍による北ヴェトナム爆撃（北爆）は沖縄基地に依存していた。

特に、七月二七日にアメリカから日本政府に対して、台風を避けるためにグアム島のアメリカ戦略空軍所属のB52爆撃機を板付基地に移動させる、と通告してきたが、結果的にはB52約三〇機は沖縄・嘉手納基地に避難し、二九日に同基地を発進し、サイゴンの南方のヴェトコン基地を爆撃した。それ以前は一度沖縄基地を経由して南ヴェトナムのアメリカ軍基地から出撃していた。ヴェトナム戦争は日本の基地の存在なしでは遂行できなかった戦争であった。アメリカ軍の完全な支配の下にあった「アメリカの沖縄」は、本土のアメリカ軍基地とともに、前進基地・後方基地としての役割を担わされた。まさにアメリカがヴェトナムに軍事介入していくときに日本では沖縄返還を求める動きが高まっていった。アメリカにとっては、前進基地として位置づけられていた沖縄はヴェトナムへの軍事介入にとって不可欠の拠点・要石であった。それゆえに軍部にとって沖縄返還は悪夢であった。

(3) 佐藤政権と沖縄返還問題

このような厳しい状況の中とはいえ、「自主外交」を口癖にし、特にアメリカに対して新しい観点から外交を遂行するとしていた佐藤栄作首相にとっては、その外交の最大の課題を沖縄返還・復帰とするのは当然のことであった。佐藤首相はしたたかに沖縄返還・復帰問題にこだわった。

一九六五年一月の日米首脳会談は佐藤首相の念願とする沖縄返還に向けた第一歩となった。しかし、返還の具体的な交渉の進展ははかばかしくはなかった。なによりもヴェトナム戦争が北ヴェトナムとアメリカの間の戦争に徐々に発展し、アメリカは北爆にとどまらず、地上軍の大量投入で応えざるをえなくなっていた。このような状況は沖縄の戦略的な重要性を高めることになり、沖縄の施政権返還は日本にとって遠い課題となりつつあった。

厳しい状況の中、日米双方は沖縄の施政権返還・沖縄の日本復帰への努力を継続させていった。とりわけ、アメリカ側の行動が、当然のことながら、この問題の鍵を握っていた。日米関係の政治・経済・通商・文化の面の安定を損なわないことにより大きな関心を持っていた国務省と進行中のヴェトナム戦争のための軍事戦略により大きな関心を持たざるをえない国防総省との間の調整作業の開始が必要であった。そして実際、国務省のイニシアティヴにより事態は動き始めた。そしてなによりも、ヴェトナム戦争そのものがアメリカ軍の大規模な投入をもってしてもアメリカにとって好ましい結果を一向にもたらすことがなかった。それよりも、テレビ時代が、残虐な非人道的な戦争を、実際にどこで行われているのか地理的にはっきりした理解を欠いていた多くのアメリカ国民の茶の間に、ほぼ同時的にもたらした。その効果はヴェトナム戦争反対運動の高まりとなって現れ始め、アメリカ国内において、いわゆる冷戦コンセンサスが大きく崩れ始めた。

ジョンソン政権にとって大変な時期に日米間の大きな争点として浮上してきた沖縄返還問題は、ヴェトナム戦争遂行にとって沖縄基地がますます重要になってきていたことを考えると、日本にとってもアメリカにとっても、満足できる解決を見つけ出すことの難しい問題となった。しかし少しずつ両国で解決のための努力がなされた。一九六六年に入り、沖縄の施政権返還問題への取り組みが日米両国において具体的に動き出した。特にアメリカ側では国務省と国防総省の間の調整作業が沖縄問題解決の鍵を握っていた。そのために、両省の間で日米関係に関する検討作業が新たに設けられた省庁間グループ（Interdepartmental Group）で始まった。例えば、一九六六年八月二四日に極東省庁間グループ（Far East Interdepartmental Group）で承認され、九月一三日に上級省庁間グループ（Senior Interdepartmental Group）が承認した『われわれの琉球基地』文書は、アメリカ政府が沖縄返還を視野に入れて日米安全保障関係の再構築に向けて具体的に動き出したことを示している。(9)

約二年の時間的空白後の一九六七年一一月一四日、一五日にワシントンで日米首脳会談が行われた。日米両国で動き出していた沖縄施政権返還問題の行方を占う会談として期待された。アメリカにとっては、この会談は時期としては不都合な会談になった。確かに、沖縄返還の問題は進行中のヴェトナム戦争と大きな関わりがあった。一九六七年にはヴェトナム戦争は激しさを強め、投入されたアメリカ軍兵力は約四八万人になっていた。北爆の目標はますます拡大され、アメリカ軍による攻撃は激しくなっていた。当然、アメリカ国内においてジョンソン政権に対する批判と不満は高まり、ますます多くのアメリカ国民がヴェトナム反戦に傾いていった。キャピトル・ヒルにおいても「ハト派」と「タカ派」の間で激しい論争が展開されていた。反戦運動と平行して黒人問題が深刻化し、アメリカ社会全体を大きく動揺させた。多くの国民が行動的になった。反戦運動は、この年の後半になって、ますます激しくなり、例えば、一〇月二一日に「ヴェトナム戦争を終わらせるための全国動員委員会」主催の集会が首都で催され、約一五万人が参加し、戦争反対の意思表示をした。また「民主社会のための学生」（SDS）を中心にした平和運動が大学のキャンパスで展開された。アメリカの国論の分裂はますます現象的になっていた。

（4）一九六七年の日米首脳会談

このようなアメリカ国内の状況の中で行なわれた日米首脳会談は具体的な成果を期待できなかったが、制約を超えていささかの前進がみられた。一五日に発表された共同声明は、沖縄返還問題に関して、①「討議の結果、総理大臣と大統領は、日米両国政府が、沖縄の施政権を日本に返還するとの方針の下に、以上の討議を考慮しつつ、沖縄の地位について共同かつ継続的な検討を行なうことに合意した」、②両者は「さらに、施政権が日本に回復されることとなったときに起るであろう摩擦を最小限にするため、沖縄の住民とその制度の日本本土との一体化を進め、沖縄住民の経済的および社会的福祉を増進する措置がとられるべきであることに意見が一致した……この目的のために、那覇に琉球列島高等弁務官に対する諮問委員会を設置することに合意した」、③両者は「小笠原諸島の地位についても検討し、日米両国共通の安全保障上の利益はこれら諸島の施政権を日本に返還するための取決めにおいて満たしうることに意見が一致した。よって……これら諸島の日本への早期復帰をこの地域の安全をそこなうことなく達成するための具体的な取決めに関し、両国政府が直ちに協議に入ることに合意した」、と述べた[10]。

この首脳会談は沖縄返還への道を開いたということでは成果があった。とりわけますます深めていくアメリカのヴェトナムへの軍事関与にとって沖縄基地が重要な役割を果たしていることを考えると、アメリカは精一杯の歩み寄りをし、日本もそのことを理解した。確かに、日本が期待した返還時期の明確化はアメリカの反対で実現しなかったが、首相の「両国政府が、この両三年以内に双方の満足し得る返還の時期につき合意すべきである」との声明が記録された[11]。このことは、沖縄施政権返還はヴェトナム戦争が継続している限りはほとんど見込むことができない、ということを意味した。そして日本はそのヴェトナム政策を全面的に支持せざるを得なかった。共同声明によると、南ヴェトナム人民の自由と独立擁護のために、アメリカが引き続き援助をする決意を大統領が示したこと及び紛争の正当かつ永続的解決のために話し合いの用意があることを明らかにしたことに対して、佐藤首相は「紛争の正当かつ公正な解決を求めるという米国の立場に対する支持を表明するとともに、できる限り平和探求に努力することの日本の決意を」再確認し、「また、北爆の停止にはハノイによるそれに対応した措置が期待されるべきであるとの見解を」表明した[12]。

沖縄基地がアメリカにとって比類がないほどの価値と重要性を持っているのは、施政権を持っているが故にアメリカの軍事行動の自由が完全に保障されていることである。それ故に、当然のことながら、施政権が日本に戻された沖縄には日米安全保障条約や地位協定等が適用される。裏を返せば、施政権の日本への返還を可能にするためには、アメリカが享受してきた軍事面での行動の自由をアメリカに保障しなければならない、ということである。更に、ヴェトナム戦争が継続している間は施政権返還の問題は解決が容易ではないということであり、ヴェトナム戦争の行方の見通しが沖縄問題解決の鍵のひとつになるということである。

そのヴェトナム戦争は一九六八年に入り、南ヴェトナムにおいて南ヴェトナム解放戦線によるいわゆる「テト攻勢」が全土で展開され、終息の見通しがますます暗くなっていった。六八年は大統領選挙の年であり、ジョンソン大統領の再選が話題になっていた。ジョンソンは三月三一日に全米向けテレビ演説で、北ヴェトナム爆撃の部分的停止と北ヴェトナムに対する和平交渉再開を提案し、同時に次期大統領選挙不出馬を表明した。ジョンソンの声明は長引き泥沼化したヴェトナム軍事介入政策の挫折声明であり、さらには、力は万能ではなく、世界最強を誇るアメリカの軍事力にも、ドルの力にも、限界があることを自ら認めた声明であり、アメリカの軍事力、経済力による世界秩序の構築――「アメリカの力による平和」――の挫折声明に等しいものでもあった。確かに、ヴェトナム戦争をいかにして終わらせるか、例えば、ヴェトナム戦争を泥沼化させてしまった外交政策の是非、がアメリカにとっての大きな課題であり、特に大統領選挙戦の行方を左右する要素となってきていた。そして沖縄問題はその選挙結果を待つことになった。

4　ニクソン・ドクトリンと沖縄返還

(1)　ニクソン・ドクトリン

一一月の大統領選挙は一九五〇年代に副大統領職を担ったリチャード・M・ニクソンを大統領に選出した。混戦の選挙戦を勝ち抜いたニクソンは国際政治の優れた感覚を持ち、現実を直視し、現実的に事態を処理する能力を持った政治家であった。一九六〇年代のアメリカが作り出した諸々の国内・国外問題の処理に的確な人物だと国民の多くが判断した。一九六〇年の大統領選でケネディを選んだ国民は八年後にその時に選ばなかったニクソンを選んだのだ。ケネディは就任演説で「アメリカ合衆国は全知全能ではなく、私たちは世界人口の六パーセントにすぎず、私たちの意思を他の九四パーセントの人類に押し付けることはできず、私たちにはすべての悪を正し、すべての逆境を逆転させることはできず、したがって世界のすべての問題にアメリカ的解決策があるとは言えない、という事実を私たちは受け止めなければならない」と述べていた。それから八年後の六八年のアメリカに対して、このメッセージはより大きな重みを持って、投げかけられたのである。ニクソンはこのメッセージに応えるべく選ばれた。そしてニクソンはそのための政策哲学を用意していた。

ニクソン大統領は「アメリカの力による平和」(Pax Americana) の時代は終わった、と基本的に考えていた。戦後四半世紀経った一九七〇年前後の国際社会の政治・経済・安全保障の環境が大きく変わったことを認識し、アメリカの政治・経済・安全保障政策は当然見直しが必須である、という基本的認識を確かなものとし、見直しと絡めてヴェトナム戦争からの「名誉ある撤退」を構想した。

ニクソンの一九七二年二月九日の議会への報告『浮上する平和構造――一九七〇年代のアメリカの外交政策』によると、このことがよく解る。ニクソンは、「国際関係の戦後時代は終わったこと、新時代の必要を満たすための新しい外交政策を確立することは現行政府の使命であることを強調し、新しい政策が望ましいばかりでなく必要条件となった」世界の変革を次のように理解していた。

(1) 西ヨーロッパと日本が経済力と政治力を回復した結果、必然的に世界における彼らの役割とアメリカの役割を調節し、彼らの回復した活力と自信を反映させなければならなくなったこと。

(2) 植民地主義帝国の崩壊によって生まれた国々が次第に自立力を増し、自らの安全保障と福祉を図る能力と決意を高めていること。

(3) 共産圏の結束がくずれ、その結果アメリカとその友好国への一途の挑戦以外の目的にエネルギーと資源が転換され、少なくとも一部の共産主義国では、世界革命の必要への従属よりもむしろ国益の追求により大きな重点が置かれるようになったこと。

(4) 戦略戦力でのアメリカの明白な優位が失われ、米ソ両国の核戦力が拮抗する戦略的均衡状態がそれにとって代わったこと。

（5） 世界の指導者としての重荷を他国がより多く分担すべき時が来たという信念がアメリカ国民の間に高まっており、その必然的結果として、われわれの長期的なかかわり合いの継続が保証されているという事実は、責任ある、しかしより自制的なアメリカの役割を必要としているという考えがアメリカ国民の間に強まっていること。[13]

ニクソンは、以上のような国際政治上の、そして国内政治状況の、大きな変化を認識することから、新しい「平和の構造」を打ち出した。とりわけ重要な点は、アメリカの国内的条件の変化にしっかりと目を向けていたことである。第二次世界大戦後、共産主義封じ込めを軸としたアメリカの冷戦政策の堅固なコンセンサスは国民全体の中に存在し、揺るぎないものであった。このコンセンサスは、第二次世界大戦後のアメリカ外交政策の中心的目標は、アメリカの独立宣言や憲法において明確に表明されている理念・理想をアメリカが海外において実現すること、にあった。しかし、とりわけヴェトナムでの実りのない泥沼化していく軍事的努力はアメリカ国民の間に堅固にあった冷戦政策のコンセンサスを全くといっていい程に崩壊させてしまった。

前述の世界の状況変化と自身の国の状況変化を意識しながら、ニクソンは当面の外交課題に取り組み、更に「平和の構造」を構築するために思索し、賢明に行動した。そのためにニクソンはまず三つの基本的原則を打ち出した。

（1） 平和の実現には、すべての友好諸国とアメリカの関係をよりよい方向に導くべき「パートナーシップ」を必要とする。

（2）アメリカ及びアメリカの同盟諸国の死活的な利害に軍事力によって脅威を与えようとするものがある限り、アメリカは強力でなければならない。その意味で、平和の実現には「力」を必要とする。

（3）平和の実現は、「交渉への意欲」を必要とする。[14]

これらの基本的原則を基礎にして、ニクソン政権はアメリカ外交政策全体を見直し、外交の手直しを始めた。とりわけアジア外交を意識して、「ニクソン・ドクトリン」を打ち出した。このドクトリンは、大統領就任早々の一九六九年七月二五日にグアム島でのオフ・レコの記者会見で公けにした①アメリカは対外的公約を守る、②アメリカはアジアの国々が独自で軍事的防衛責任を担うようすすめる、という二点を骨子としたグアム・ドクトリンを発展させたものである。グアム・ドクトリンは、確かに短期的にはインドシナにかかわるアメリカの諸問題の解決のためのものであったが、同時にニクソンは「私は世界全体——アジア、ラテン・アメリカ、アフリカ、その他の地域——に対する将来のアメリカの政策はアメリカの介入の縮小であると固く確信する」とも発言した（このドクトリンは、オフ・レコであったので、公式の外交方針として扱われなかったが、後に公式のものとして扱われることになった）。このグアム・ドクトリンは一九六九年一一月三日のいわゆる「ヴェトナム化」演説において、公式に表明され、外交政策の指針として規定された。その指針は次の三つの原則から成っている。

（1）アメリカはわれわれの条約上の公約のすべてを守るつもりである。
（2）われわれは、われわれと同盟関係にある国家、またその存続がわれわれおよび同地域全体の安全保障にとって死活的に重要だと考える国家の自由を核保有国家が脅した場合、盾を提供するつもりである。
（3）他の種類の侵略の場合、われわれは、要請があり、それが適当である場合、事実、経済援助を供与するつもりである。しかし、われわれは、直接脅威を受けている国家が、自衛のための兵力を提供する第一義的責任を負うことを期待する。[15]

この原則は、結局のところ、世界における（特にアジアにおける）アメリカの過剰な介入を整理・縮小し、アメリカの負担を現地国に肩代わりさせるというものである。言い換えれば、アメリカが自己の力の限界を認め、自助努力を同盟国に求め、責任分担を求めるものである。この考え方はヴェトナムに当てはめられ、いうまでもなく対日関係、特に沖縄返還と日本の防衛力増強と負担増加要求への道を用意することになった。

（2）沖縄返還交渉の継続

前政権の下で動き出していた沖縄施政権の日本への返還問題は、ニクソン政権の下で「ニクソン・ドクトリン」という新たな外交政策遂行にとって重要な課題として取り扱われることになった。動き出していた沖縄返還交渉は、新しく構築されるアメリカの外交・安全保障・軍事政策の中にどのように位置付けるかという大きな課題に応えなければならなかった。言い換えれば、安全保障条約に基づく対日政策の再構築・再定義の作業を新しい政権は急がなければならなかった。一九六〇年一月一九日に署名され、六月二三日に発効した日米安全保障条約は最初の一〇年の期限切れを目前にしていた。最初の一〇年が経過した後は、「いずれの締約国も、他方の締約国に対してこの条約を終了させる意思を通告することができ、その場合には、この条約は、そのような通告が行われた後一年で終了する」ことになっていた。

いずれにしろ、沖縄返還と安全保障条約継続は切り離すことができない問題であった。この点を日本政府が意識していたことを日本側の資料が示している。それによると、一九六九年六月二日から五日にかけてワシントンで開かれた沖縄返還問題を中心にした会談で愛知外相は、日本側としてはこの条約を自動継続するつもりであることを伝えた。このことは、日本政府が、日米安全保障条約に基づいた安全保障体制が日本の安全のために必要であることをアメリカに明確に示したことになる。そして同時に沖縄返還交渉を日米安全保障体制の維持を大前提にして進める日本の基本的姿勢をアメリカに明確に伝えることにもなった。この日本の姿勢は、日本の安全保障を「ニクソン・ドクトリン」によるアメリカの外交・安全保障政策の中に位置づけることを結果的に許すことになった。

発足間もないニクソン政権は、沖縄返還を政策課題として取り上げていた。

つまり、ニクソン政権は「ニクソン・ドクトリン」によるアジア政策を具体的に実施するに当たって、日本との関係を重視していた。そのためにも沖縄返還問題は解決を急ぐ必要のある優先的課題であった。確かに、「ニクソン・ドクトリン」は、その原型は七月二五日のグアムでの記者会見の席で、オフ・レコとはいえ、公表されたが、当然政権発足直後に構想され、確定されていたとみていい（ヘンリー・キッシンジャー国家安全保障担当補佐官は『回顧録』で、オフ・レコの発言とはいえ、ニクソンが「ドクトリン」の原型を口にしたことに驚いた、と記録している）[16]。

キッシンジャーによると、「わが国が占領統治を維持したのは、沖縄がアジアにおけるわが国のもっとも重要な軍事基地の一つになっていたためだった。わが国は、沖縄の飛行場を拠点として、韓国と台湾の防衛に当たるほか、ここをヴェトナムへの発進基地およびB—52の緊急用施設として使用していた。わが国はここに核兵器を貯蔵していた」[17]。いくら戦略的な重要性を有しているといっても、二五年間も軍政の下に置かれていた沖縄を更に占領下に置き続けることになると、長期的に見て、日米関係を危うくする状況が一九六〇年代末に目に見えるほどになってきていた。一九六八年二月、琉球立法院は、B52による沖縄基地使用に反対する決議を採択し、国会でも野党の社会主義諸政党が同趣旨の決議案を提出した。一九六八年一一月の初の琉球政府行政主席公選で社会党系の屋良朝苗が主席に選ばれた。一九六〇年の危機の再現をアメリカは懸念した。

キッシンジャーは、大統領就任式の翌日、早速、各省庁間で対日政策を検討するように指示し、特に沖縄問題を優先的に検討する課題とした。沖縄問題に関しては、同日の国家安全保障会議（NSC）の会議、一月二七日の大統領と統合参謀本部との第一回公式会談で簡単な審議が行われた。

軍部は基本的に沖縄返還には消極的であった。各参謀総長は、沖縄基地はヴェトナム戦争遂行に欠かせないだけでなく、太平洋におけるアメリカの戦略的立場全体にとっても、不可欠な存在であると主張した。具体的には、彼らは、基地については、外部からの干渉を最小限に抑え、引き続き使用する権利の保証と核兵器を貯蔵する権利の確保を希望した[18]。

アメリカ側の諸機関間での検討・討議・調整作業と日米間の協議の結果、五月末に一つの文書が国家安全保障会議によって作成された。それはNSDM-13（国家安全保障決定メモランダム第一三号）で、日本との関係強化、日米安全保障条約の継続、基地機能の維持と摩擦要因の削減、日本の防衛力強化促進、そして沖縄返還にむけての交渉の進め方を指示していた。キッシンジャー名で出されたこの文書は対日政策についての決定を次のように記録している[19]。

日本に関する国家安全保障会議の検討の結果、大統領はアメリカの対日政策について以下の決定をおこなった。

1．われわれは、アジアにおけるアメリカの主要なパートナーである日本との現行の関係を基本的に踏襲するとともに、この関係をアメリカの国益に照らして改善し、アジアにおける日本の役割の一層の増大を追及するための諸方策を探求する。

2．われわれは、現在の相互協力及び安全保障条約が廃棄か修正かの議題となる一九七〇年以降も、修正せず、存続させることを認める。

3．われわれは、日本におけるわれわれの基地の機構と基地の利用にかんして、必要不可欠な基地機能を確保しつつ、主要な摩擦要因を削減するため、段階的な変更を継続しておこなう。

4．われわれは、日本の国防努力のおだやかな増大と質的改善を奨励する現在の政策を継続するが、かなり大規模の戦力を開発するべきであるとか、域内でより大きな安全保障上の役割を果たすべきであるといった圧力を日本に対してかけることはしない。

沖縄に関して、大統領は向こう数カ月間にわたる日本政府の交渉が、以下の諸点をふまえておこなわれるよう、そのために必要な戦略文書を、次官級委員会の監督のもとに、省庁間東アジア・グループが作成するよう指示した。

1．アメリカの軍事使用にかかわる必要不可欠な要素にかんして、一九六九年に合意ができ、また、返還の時点までに細部の交渉が完結することを条件に、一九七二年の返還に同意するとのわれわれの意思。

2．軍事基地の通常戦使用が、とくに朝鮮、台湾、ヴェトナムとの関連において、最大限に自由であるというわれわれの要求。

3．沖縄に核兵器を存続させるというわれわれの要求。ただし、沖縄協定の他の要素が満足すべきものであるならば、大統領は、緊急時の〔核の〕貯蔵と通過（トランジット）の権利を保持しつつ、交渉の最終段階で核兵器の撤去を考慮する用意があるむねの示唆。

4．沖縄に関連して日本から得られるその他の誓約。

(3) 沖縄施政権返還交渉妥結

アメリカ側の返還に関する検討のおおよその結論を受けて、日米間で返還のための交渉がその速度を速めた。六月から九月にかけて愛知揆一外相は二度訪米し、アメリカ政府関係者と返還に向かって交渉を重ねた。ロジャーズ国務長官も訪日した。一連の交渉が一一月中旬の佐藤栄作首相の訪米を可能にし、会談は懸案の施政権返還問題の決着を結果した。返還により沖縄基地は本土と同じように安全保障条約・地位協定等の拘束を当然受けることになった。アメリカにとっては、この拘束からどれほどの自由が得られるかが大きな関心になった。つまり沖縄の「事実上の主権」を持っていたアメリカが約二五年間享受してきた軍事戦略遂行の自由をいかに確保することができるか、既存の安保条約の下で返還後の在沖縄アメリカ軍基地、つまりは在日アメリカ軍基地がどのように使用・運用されるかがアメリカにとって軍事戦略上大きな問題であった。そのことは日本にとっては、安全保障条約・地位協定等で約束されていることをどのように在沖（在日）アメリカ軍に求めるかという問題——事前協議と核兵器搬入・貯蔵・移動——となって跳ね返ってきた。佐藤・ニクソン会談まで持ち越されていた核の問題も決着を見、一応「核抜き・本土並みで七二年中返還」を一九六九年一一月二一日の共同声明で確認した。いささか長くなる心配があるが、重要な内容の声明なので、施政権返還に係わる肝心な部分を見てみることにする。

6．総理大臣は、日米友好関係の基礎に立って沖縄の施政権を日本に返還し、沖縄を正常な姿に復するようにとの日本本土および沖縄の日本国民の強い願望にこたえるべき時期が到来したとの見解を説いた。大統領は、総理大臣の見解に対する理解を示した。総理大臣と大統領は、また、現在のような極東情勢の下において、沖縄にある米軍が重要な役割を果たしていることを認めた。討議の結果、両者は、日米両国共通の安全保障上の利益は、沖縄の施政権を日本に返還するための取決めにおいて満たしうることに意見が一致した。よって、両者は、日本を含む極東の安全をそこなうことなく沖縄の日本への早期復帰を達成するための具体的な取決めに関し、両国政府が直ちに協議に入ることに合意した。さらに、両者は、立法府の必要な支持をえて前記の具体的取決めが締結されることを条件に一九七二年中に沖縄の復帰を達成するよう、この協議を促進すべきことに合意した。これに関連して、総理大臣は、復帰後は沖縄の局地防衛の責務は日本自体の防衛のための努力の一環として徐々にこれを負うとの日本政府の意図を明らかにした。また、総理大臣と大統領は、米国が、沖縄において両国共通の安全保障上必要な軍事上の施設および区域を日米安保条約に基づいて保持することにつき意見が一致した。

7．総理大臣と大統領は、施政権返還にあたっては、日米安保条約およびこれに関連する取決めが変更なしに沖縄に適用されることに意見の一致をみた。これに関連して、総理大臣は、日本の安全は極東における国際の平和と安全なくしては十分に維持することができないものであり、したがって極東の諸国の安全の重大な関心事であるとの日本政府の認識を明らかにした。総理大臣は、日本政府のかかる認識に照らせば、前記のような態様による沖縄の施政権返還は、日本を含む極東の諸国の防衛のために米国が負っている国際義務の効果的遂行の妨げとなるようなものではないとの見解を表明した。大統領は、総理大臣の見解と同意見である旨を述べた。

8. 総理大臣は、核兵器に対する日本国民の特殊な感情及びこれを背景とする日本政府の政策について詳細に説明した。これに対し、大統領は、深い理解を示し、日米安保条約の事前協議制度に関する米国政府の立場を害することなく、沖縄の返還を、右の日本政府の政策に背馳しないよう実施する旨を総理大臣に確約した。

9. 総理大臣と大統領は、沖縄の施政権の日本への移転に関連して両国間において解決されるべき諸般の財政及び経済上の問題（沖縄における米国企業の利益に関する問題も含む。）があることに留意して、その解決についての具体的な話合いをすみやかに開始することに意見の一致をみた。[20]

これら四つの項目は直接沖縄返還に係わる問題を取り上げている。そして、ここに返還にまつわる問題が含まれている。すなわち施政権が日本に戻された沖縄におけるアメリカ軍基地の自由使用の問題、核兵器の前進基地として有用であった沖縄における核兵器配備・貯蔵と事前協議の問題そして後々問題になる「思いやり予算」に発展していくことになる第九項の「諸般の財政及び経済上の問題」である。

(4) アメリカの極東安全保障戦略に組み込まれた日本

佐藤・ニクソン共同声明は、沖縄の施政権返還を中心にした日米間の約束を確認したものだが、同時に「ニクソン・ドクトリン」の外交・安全保障政策を遂行するために日本に極東全域の平和と安全のためにアメリカと協力して貢献することを共同声明の第三項と第四項で約束させた。まさに沖縄返還を日本による「ニクソン・ドクトリン」への貢献と狡猾に結びつけることにアメリカは成功した。ニクソンは、大統領選の前に、『フォーリン・アフェアーズ』誌の論文「ヴェトナム後のアジア」で日本について次のように書いていた。

こんにち、日本を信頼して、独自の軍隊と自衛の責任を委ねなければ、日本の国民と政府を無力感に陥れることになろう。最近の痛ましい歴史の根元はともかくとして、そういう状態は、非共産主義アジアの共通の安全保障に日本が果たすべき役割にふさわしくない[21]。

ニクソンによると、戦後の日本の急速な経済成長が日本を世界のリーダーシップの位置に引き上げた。それにともなって日本は、当然アジアにおける均衡維持を果すために外交的にも軍事的にもより大きな役割を果したいとの願望を持つ。このより大きな役割は第九条を含む日本国憲法の修正を伴うことになるであろう、と氏は論じ、「一級の大国の仲間入りをしつつある国が自国の安全保障を他国に全面的に依存しえると思うのは現実的でない」との認識を示し、日本への軍事面の責任分担要請を妥当なものとした[22]。
アメリカはあまりにも長い期間、余りにも多くを負いすぎてきた平和と安全保障の重荷を日本のように強力になった国は当然責任分担してしかるべきだとの率直な気持を隠そうとしなかった。ニクソンは、日本に地域的安全保障に重要な役割を演じさせようとするのも、アメリカ自身の役割が変わってきたと考えているためであることを次のように指摘している。

アメリカ人は、戦争に疲れ、同盟諸国に失望し、援助の効果に落胆し、国内の危機的状況に動揺して、新しい孤立主義の呼び声に耳を傾けようとしている。西側世界全体に、内に目を向け、偏狭になり、孤立主義化しようとする傾向がみられる。その傾向は危険なほど強い。しかし、世界の人口の半ば以上をかかえ、最大の爆発的な力を秘めているアジアに、巨大な勢力がうごめいていることを、いまわれわれが認識しないかぎり、今後一世代にわたって平和も安全もありえないことになろう[23]。

ニクソンのこのような認識が氏をして日本を「ニクソン・ドクトリン」の中で捉えさせた。彼にすれば、日本は「ニクソン・ドクトリン」の成功の鍵であった。
沖縄諸島は確かに四半世紀にわたるアメリカ軍による支配から解放され、日本の行政の下に復帰したことを誰もが歓迎した。しかし、実情は、返還の代償は極めて大きいことを知らされる。沖縄は、施政権が日本に返還されたが、実際は、相変わらずアメリカの極東戦略体制の中に組み込まれていく方向を明確に示していた。そしてその方向に向かう姿勢を表明したのは、共同声明に基づけば、日本側であることだ。共同声明は、特に韓国と台湾とヴェトナムに言及した第四項を中心にして、ここかしこに「安全保障」「防衛」「極東の安全」が使われ、日米の「新しい関係」＝「太平洋新時代」が、六〇年の安保条約をさわることなく、『共同声明』および沖縄返還をもって、アメリカの極東安全保障戦略の一翼をしっかりと担うという積極的な姿勢をアメリカに対して日本は示した。そしてこの姿勢がとりもなおさず日本が選択した一九七〇年代の日本の防衛・安全保障政策の方向でもあった。

筆者の問題意識から、この『共同声明』そして佐藤首相の一一月二一日のナショナル・プレス・クラブでの演説は重大であると思う。『共同声明』では、例えば、「米軍の極東における存在がこの地域の安定の大きな支えとなっている認識」（第三項）、「朝鮮半島の平和維持のための国際連合の努力を高く評価し、韓国の安全は日本自身の安全にとって緊要」（第四項）、「台湾地域における平和と安全の維持も日本の安全にとってきわめて重要な要素」（第四項）、「日本としてはインドシナ地域の安定のため果たしうる役割を探求」（第四項）、「沖縄の施政権返還は、日本を含む極東の諸国の防衛のために米国が負っている国際義務の効果的遂行の妨げとなるようなものではないとの見解」（第七項）と佐藤首相が表明している。つまり、日米同盟と極東全体の安全保障が、いわゆる「韓国条項」「台湾条項」で表され、関連付けられ、それゆえに沖縄の、というよりも在沖縄アメリカ軍の果たす役割の重要性を認識した日本がアメリカの極東戦略に協力する姿勢を積極的に打ち出したのである。[24] ニクソンが構想した「ニクソン・ドクトリン」が『平和の構造』を作り上げるために最も期待した日本がこのように積極的に応えた。キッシンジャー補佐官（交渉時の肩書）は後に、『回顧録』に、「日本が哲学的な表現ながら、韓国、台湾、ヴェトナムの安全保障に対する関心を表明してくれたお陰で、これら諸国の防衛のために、通常兵器の事実上の無制限使用の権利を認める旨の原則をうたいあげる方式が出来上ったことになった」と記録した[25]。

『共同声明』は、日本が「ニクソン・ドクトリン」に積極的に応え、責任分担・防衛分担を強化することで、アジアのかなり広い地域を対象にしたアメリカの軍事政策を支えることを約束した、といっていい。「ニクソン・ドクトリン」がその後の日米安保体制の在り方の基礎を造った。同じように、『共同声明』はその後の日本のアメリカの軍事戦略へのコミットメントの方向を示した。

(5)「思いやり予算」への道

すでに地位協定第二四条による「経費の負担」については説明した。そこに本来的な日本の在日アメリカ軍のための経費負担の対象が明確に規定されている。この点を別の資料で整理すると、「我が国は日米安保条約及び地位協定に基づき、在日米軍の駐留を認めている。駐留に必要とする経費は日米両国により分担され、地位協定二四条にその原則が定められる。そこでは、施設・区域の提供に要する経費は我が国が分担するが（二四条二項）、施設・区域提供後の「合衆国軍隊を維持することに伴うすべての経費」（二四条一項・いわゆる維持費経費）は米側の負担とされてきた」ということになる。一九七八年、いわゆる「思いやり予算」が導入されるまでは、日米両国は地位協定二四条に基づいて、負担される経費の処理がなされてきた。

沖縄施政権返還は経費分担に新しい考え方をもたらした。『共同声明』ではその第九項が返還に伴う経費について、「沖縄の施政権の日本への移転に関連して両国間において解決されるべき諸般の財政及び経済上の問題（沖縄における米国企業の利益に関する問題もふくむ）があることに留意して、その解決についての具体的な話合いをすみやかに開始することに意見の一致をみた」と記していた。[26] 沖縄返還協定（一九七一年六月一七日署名）の第七条によると「日本国政府は……アメリカ合衆国政府が復帰後に雇用の分野等において余分の費用を負担することとなること等を考慮し、この協定の効力発生から五年の期間にわたり、合衆国ドルでアメリカ合衆国政府に対し総額三億二〇〇〇万合衆国ドルを支払う」ことになった。[27] 費用の具体的な中身については説明がなかったが、我部政明琉球大学教授によると、日本が支払うべき費用三億二〇〇〇万ドルの内訳は、民政用資産の買取費に一億七五〇〇万ドル、基地従業員関連費七五〇〇万ドル、核兵器撤去費用七〇〇〇万ドルであった。これらの費用は地位協定第二四項に該当する経費ではなく、返還と取引の形の特別の経費とみなすことができる。我部氏によると、一九九〇年代に公表されたアメリカ政府の文書によると、三億二〇〇〇万ドルよりも七五〇〇万ドル多く出費されている。この七五〇〇万ドルの内訳は、基地従業員を雇用する時の労務管理費として一〇〇〇万ドルと基地改良費六五〇〇万ドルで、日本政府が物品・役務で負担したものだとされている。これらも地位協定による経費ではない。この七五〇〇万ドルの他に一億二五〇〇万ドルが秘密の経費として処理され、一九七二年の返還時から五年間行われていたと思われる。[28]

この五年間の秘密の特別経費支出の期限終了を引き継いだ形で、一九七八年度から、いわゆる「思いやり予算」と呼ばれる経費の支出を日本政府は始めた。一九七八年六月及び一一月に行われた金丸防衛庁長官とブラウン国防長官との会談で防衛庁長官から、在日アメリカ軍が駐留に関して負担する経費の軽減について、日本側が現行の地位協定の枠内でできるだけの努力を行う旨の意向が表明された。この意向表明を受けて、日本人従業員の雇用に要する経費については、従業員の福祉の維持と雇用の安定を図るとの観点から、福利厚生費などを日本側が負担することにした。一九七九年度には、①老朽化したアメリカ軍の宿舎の改築、家族住宅の新築、老朽した貯油施設の改築及び消音装置の新設を行って、これらの施設を施設・区域として提供することにし、②日本人従業員の、給与のうち、国家公務員の給与水準を越える部分を日本側が負担することにした。一九八七年に地位協定第二四条についての特別協定を締結し、日本人従業員に対する調整手当、扶養手当、通勤手当、住居手当、夏季手当、年末手当、年度末手当、そして退職手当の支払いに要する経費の一部を、当該経費の二分の一に相当する金額を限度として負担することとした。その後も、一九八八年、一九九一年、一九九五年に特別協定を締結して、「思いやり予算」化された在日アメリカ軍経費負担は拡大・増大され、今日では、日本とアメリカの在日アメリカ軍駐留経費負担の比率は九対一ぐらいになっている。

沖縄返還がアメリカに地位協定の規定による駐留アメリカ軍の経費分担原則に大きな変更をもたらすきっかけを与え、結果的に「思いやり予算」への道を拓くことになった。一九九二年においてアメリカは日本の米軍基地経費負担増を高く評価していた。一九九二年七月の国防総省編『アジア太平洋戦略の枠組み』には「日本は、他の同盟国と比較してみると極めて多額の受入国支援をしている。一九九〇年会計年度を取ってみると、三三億ドル以上になる。日本の高額支援のお陰で、アメリカ軍を配備するのに、日本はアメリカ国内も含めて世界で最も安上がりの場所となっている」と書き、日本の「お人善しぶり」を「高く」評価している。[29]

(6) 沖縄返還と核密約そして事前協議

沖縄施政権返還交渉での大きな問題は沖縄に配備・貯蔵されていた核兵器の処遇であった。「核抜き・本土並み」とレッテルを貼られた沖縄返還は、結果的に「核抜き」も「本土並み」も額面通りではなかった。特に「核」についての問題については首脳会談の場で結論を出すことになっていた。沖縄における核兵器の貯蔵・配備に関しては、アメリカは非核三原則の日本に表向き歩み寄り、その権利を放棄することに同意していたが、緊急時に核兵器の再持ち込み(リ・エントリー)を可能にする約束を日本政府から取り付ける必要があった。日米両国は巧みなレトリックで核兵器に関する問題を乗り切ろうと考えた。佐藤・ニクソン共同声明の第八項が返還時の核兵器のあり方について「総理大臣は、核兵器に対する日本国民の特殊な感情及びこれを背景とする日本政府の政策について詳細に説明した。これに対し、大統領は、深い理解を示し、日米安保条約の事前協議制度に関する米国政府の立場を害することなく、沖縄の返還を、右の日本政府に背馳しないよう実施する旨を総理大臣に確約した」と述べている。[30] 日本政府の説明によると、大統領が確約した事柄をもって、返還時の核撤去が約束され、返還後の核持ち込みを拒むことができることになった、と説明した。

しかし、「日米安保条約の事前協議制度に関する米国政府の立場を害することなく」という文言はアメリカに対して、緊急時の核の持ち込みに道を大きく開いていることを、日本政府が保証したと考えられる。ここに核に関する密約の存在を窺わせる。日本側の密使として沖縄返還交渉にかかわった若泉敬が自著『他策ナカリシヲ信ゼムト欲ス』で核の再持ち込みの密約の存在を明かした。(31)

一九六九年一一月二一日発表のニクソン米合衆国大統領と佐藤日本国総理大臣との間の共同声明についての合意議事録（草案）

米合衆国大統領

われわれの共同声明に述べてあるごとく、沖縄の施政権が実際に日本へ返還されるときまでに、沖縄から全ての核兵器を撤去することが米政府の意図である。そして、それ以後においては、この共同声明に述べてあるごとく米日間の相互協力及び安全保障条約、並びにこれに関連する諸取り決めが沖縄に適用されることになる。しかしながら、日本を含む極東諸国の防衛のため米国が負っている国際的な義務を効果的に遂行するために、極めて重大な緊急事態が生じた際には、米政府は、日本政府と事前協議を行った上で、核兵器を沖縄へ再び持ち込むこと、及び沖縄を通過する権利が認められることを必要とするであろう。さらに、米政府は沖縄に現存する核兵器の貯蔵地、すなわち嘉手納、那覇、辺野古、並びにナイキ・ハーキュリーズ基地を何時でも使用できる状態に維持しておき、極めて重大な緊急事態が生じた時には活用できることを必要とする。

日本国首相

日本政府は、大統領が述べた前記の極めて重大な緊急事態が生じた際における米政府の必要を理解して、かかる事前協議が行われた場合には、遅滞なくそれらの必要を満たすであろう。

大統領と首相は、この合意議事録を二通作成し、一通ずつ大統領官邸と総理官邸にのみ保管し、かつ米合衆国大統領と日本国総理大臣との間でのみ最大の注意をもって極秘裏に取り扱うべきものとする、ということに合意した。

一九六九年一一月二一日
ワシントンDCにて
R・N
E・S

この密約に関しては、一方の当事者である大統領補佐官であったキッシンジャーが、後に『回顧録』(一九七九年出版)でこの密約である「合意議事録」を作成することになった経緯について書いている。「日米安保条約には、緊急時における事前協議制度を定めた条項がある。共同声明で、この条項に言及しておけば、双方とも、それぞれの要請をみたせるはずだった」とキッシンジャーは書き、更に続けた。「佐藤は、日本政府の猛反対の立場を貫いたことになるし、ニクソンにすれば、この条項に基づいて、実際に緊急事態が発生する以前でも、沖縄の核兵器問題を取り上げる権利を得た、と主張できるはずだった」と。(32) 二〇〇〇年一月六日の『朝日新聞』はこの「合意議事録」の存在をアメリカ政府が確認したと伝えた。このことに関して、沖縄返還交渉に係わったモートン・ハルペリン（ジョンソン政権の国防副次官補、ニクソン政権の国家安全保障会議スタッフ）は、返還後の核兵器の有事の緊急搬入を定めた核持ち込みの密約を認め、「密約によって統合参謀本部の返還への全面的支持をえることができた」と述べた、と二〇〇二年四月二七日の共同電は伝えた。(33)

不可思議なことに、日本政府はこれまで一度たりともこの密約の存在を認めていない。密約を守り抜くことは信義・道義に適うことであろうが、日米関係の、それも軍事安全保障を唯一の基礎にした脆弱な関係の暗部に、できる限りの期間光を当てることなくやり過ごしたいという日本政府の気持が表れている。

(7) 沖縄返還後の日米関係

沖縄施政権返還協定（公式には「琉球諸島及び大東諸島に関する日本国とアメリカ合衆国との間の協定」）は一九七一年六月一七日に東京及びワシントンで署名され、必要な手続きを経て、一九七二年三月一一日に発効した。そして日米間に締結された条約及びその他の協定（一九六〇年の安全保障条約及びこれに関する取極並びに一九五三年四月二日の友好通商航海条約を含む）により日米関係が改めて動き出すことになった。

アジア・太平洋戦争終結後の占領を経て、サンフランシスコ講和条約・日米安全保障条約を締結することで始まった日米関係は、一九六〇年に改定された安全保障条約により強固なものになったとされている。そして戦後二五年の時代の変化がもたらした世界・アジアの状況がアメリカに外交・安全保障政策の再構築を必須とし、ニクソン政権は「ニクソン・ドクトリン」を軸とした外交・安全保障政策を構想し、一九七〇年代の日米関係はこの「ニクソン・ドクトリン」に適う形で展開されていくことになった。

「ニクソン・ドクトリン」は、沖縄返還がその意味・意図を象徴的に示しているが、同盟国に対し、それまでよりも遥かに積極的に安全保障上の役割を果たすことを前提にした政策・戦略であった。「ニクソン・ドクトリンの成功の鍵は日本である」[34]とか「ヴェトナム以後のアジアで鍵になる国は日本である」[35]とかといった表現がニクソン大統領の『外交教書』、『国防報告書』、演説はいうまでもなくジェラルド・フォード大統領の演説や声明にも頻繁に出てきた。確かに、ヴェトナム戦争敗北後のアメリカのアジア政策の中心は日本であった。ニクソン大統領の思わぬ辞任の後を継いだフォード大統領は、一九七五年の演説で、インドシナに訪れようとしていた悲劇を前にして、アメリカは国家的決断の時だとし、インドシナで起こっている状況がアジアの友好国の多くに動揺を与えている事実を直視し状況に対する速やかな対処の必要があるとし、「この点で鍵になるのは日本である……アメリカは日本の安全保障条約をアジア・太平洋地域の要と考えています」と、述べ、同時に「一級の大国の仲間入りをしつつある国が自国の安全保障を他国に全面的に依存しえると思うのは現実的ではない」と断じ、日本への軍事面の責任分担要請を妥当なものとした。[36] アメリカは余りにも長い期間余りにも多くを負いすぎてきた平和と安全保障の重荷を日本のように強力になった国は当然責任分担してしかるべきだとの率直な気持を隠そうとしなかった。確かに、「ニクソン・ドクトリン」を遂行するための軍事政策の効果的実施のためにも責任分担の要請は緊要だった。「ニクソン・ドクトリン」に基づく政策が、日本に対する責任分担の拡大により遂行されていった。日本に対する軍事面の責任分担を求める声はアメリカ政府筋——特に国防総省関係筋——からも、議会筋からも衰えることがなかった。特にヴェトナム敗北後一段と要求が高まった。下院歳出委員会は、一九七四年八月一日提出の『一九七五年国防支出権限法案付属文書』で「友好的な日本が自国の通常防衛に精を出し、地域安全保障の面での援助の度合が大きくなれば、アメリカの負担は軽減されるだろう……委員会は、政府の適当な機関が共同防衛の最も公平な分担を日本政府との協力で実現可能なことを希望する」とし、日本に対する防衛分担の要請がNATO諸国に対するほど強いものでない故、アメリカ政府が直面している経済上の深刻な困難を軽減する意味からも、日本による共同防衛意識からも、責任分担を求めるよう勧告した。要請内容は、①日本の自衛隊の能力の迅速な増強、②在日アメリカ軍基地運営費に対する日本の助力、③東アジアの自由主義諸国への日本の経済援助の増額、であった。[37]

この下院の報告書と同じ点を一九七五年八月二九日のシュレシンジャー国防長官の記者会見に見い出せる。彼は、「日本の自衛隊は今後とも自衛の役割を果すべきものである。しかし我々は協議を重ねることによって日米安全保障関係の相互性を改善できる」と考えるとした上で、「ニクソン・ドクトリン」の現実的抑止に基づいて「日本の安全のため、北東アジアの安全のため、西太平洋の安全のためには、いかなる侵略ないしは紛争の可能性をも抑止できる十分な力が必要であり」、このような努力を通して「日米間の安全保障上の提携を一層持続的な、堅実なものにすることができるだろう」との考えを述べた。[38] このような考え方は、確かに、軍部を中心にしたものであるが、国務省関係者も同主旨の発言がなされた。たとえば、カーター政権のハメル東アジア・太平洋担当国務次官補は、日本に対して余り大きな役割を求めるつもりはないとしながらも、「日本の安全保障上の量的拡大は不適当であっても、質的改善――特にASW（対潜水艦作戦）と対空早期警戒システムの領域において――の余地がある」と発言していた。[39]

これらの事例が示していることは、一九七〇年代のアメリカのアジア政策は、「ニクソン・ドクトリン」の下で遂行され、防衛力増強とアメリカへの軍事協力体制強化を日本が素直に受け入れることがアメリカにしてみれば、「ニクソン・ドクトリン」の成功を約束すると判断されていた。そして日本はそれに応えた。「ニクソン・ドクトリン」の果実の一つは「思いやり予算」と考えていい。そしてもう一つは「日米防衛協力のための指針」である。日米安保条約を改定することなく、否、そうすることを敢えて避けて、「指針」を策定した。

5 「政治的」安保体制から「軍事的」安保体制へ

（1）「日米防衛協力のための指針[40]」

「日米防衛協力のための指針」（「ガイドライン」）は「政治的」日米安保体制を「軍事的」安保体制に確実に変容させたといっていい。一九七五年八月下旬に行われた三木首相とフォード大統領の首脳会談及び坂田防衛庁長官とシュレシンジャー国防長官との会談で、「日米安全保障条約及びその関連取決の目的を効果的に達成するために、軍事面を含めて日米間の協力のあり方」、特に「有事の際、整合のとれた効果的な作戦行動を実施しうるよう日米防衛協力の諸問題」について研究、協議する必要を双方で合意した。これを受けて、一九七六年七月に開かれた第一六回安全保障協議委員会において、同委員会の下部機構として、「防衛協力小委員会」が設置されることが決定された。この「小委員会」の目的は、日米安全保障条約及びその関連取り極めの目的を効果的に達成するために、緊急事態が発生した時に自衛隊とアメリカ軍との間の整合的な共同対処行動を確保するためにとるべき措置に関する指針を含め、日米安保条約に基づく日米間のあり方に関して研究、協議を行うことであった。

「小委員会」は、一九七六年八月の第一回会合以来、約二年にわたり、作戦、情報、後方支援の三部門での専門的な検討に基づき、一九七八年一〇月の第八回目の会合で「日米防衛協力のための指針」がとりまとめられ、同年一一月の第一七回日米安全保障協議委員会で了承された。この「指針」は、一九六〇年の日米安全保障条約の第五条と第六条を中心にして、時代と情勢の変化を考慮して、日米防衛協力のあり方をあらためて構想した。その内容は、自衛隊とアメリカ軍が、①侵略を未然に防止する必要が生じた場合、②日本に対する武力攻撃がなされる恐れのある場合、③日本に対する武力攻撃がなされた場合、④日本以外の極東における事態で日本の安全に重要な影響を与える場合、を想定して、それぞれの場合にどのような防衛協力が日米間でなされるべきか、を研究・討議し、策定した。

それぞれの項目についてもう少し見てみよう。①については、「日本はその防衛政策として自衛のため必要な範囲において適切な規模の防衛力を保持し、米国は核抑止力を保持するとともに、即応部隊を前方展開し、来援し得るその他の兵力を保持すること」としている。②については、日米両軍は、作戦準備に関し、「効果的な協力を確保するため」にあらかじめ「共通の準備段階」を定めておき、日米両政府の合意によって選択された準備段階に従って、「それぞれが必要と認める作戦準備を実施する」こととしている。③については、原則として、日本は、「限定的かつ小規模な侵略を独力で排除し」、それが侵略の内容により単独で対応できない場合は、「米国の協力をまってこれを排除する」こととし、更に、自衛隊は、「主として日本の領域及びその周辺海空域において防勢作戦を行い」、アメリカ軍は「自衛隊の行う作戦を支援し、かつ自衛隊の能力の及ばない機能を補完するための作戦を実施する」こととした。④の六条事態に関しては、日米間の協力についてははっきりした方向をしめすことはしないで、将来の研究にゆだねた。

「日米防衛協力のための指針」は、「ニクソン・ドクトリン」が日本に要請した防衛分担の強化を具体化したもので、日米安保体制の質的変化を現象的に意味した。特にこの「指針」に関して重要な点は、日本に対する武力攻撃がなされた場合に、日米両軍が「共同対処行動を円滑に実施できる」ようにするために、「共同作戦計画の研究その他の作業を行う」ことを予定したことである。実際、その後共同作戦計画の研究は具体化し、一九八四年末には、日本が武力攻撃を受けた時の「日米共同作戦計画」は一応の結果を得て、日米間で基本的な合意に達した。他に極東有事に関する研究、シーレーン防衛共同研究、インターオペラビリティ（相互運用性）に関する研究等が行われた。更に、日米共同訓練が自衛隊とアメリカ軍の間で、インターオペラビリティの向上を目的に一九七〇年代末から行われるようになった。

日米防衛協力は思わぬ形で深化することになった。一九七〇年代の「ニクソン・ドクトリン」で動き出した『平和の構造』の新しい世界秩序構想は、その七〇年代の終わりの七九年一二月二七日に、ソ連がアフガニスタンに軍事侵攻したことで、実現から遠のいた。カーター大統領は、ペルシャ湾地域での権益死守を謳った「カーター・ドクトリン」を、一九八〇年一月に表明した。以後、米ソ関係は「新冷戦」と言われるほどに急速に緊張し、一年後レーガン大統領が登場し、ソ連に対し厳しい姿勢をとることになった。新冷戦の高まりが日本に防衛力増大を要請した。

日本は、「日米防衛協力のための指針」（「ガイドライン」）を軸に、アメリカとの防衛協力に大きく踏み込むことになった。「ガイドライン」に基づいた安保体制の中で、自衛隊とアメリカ軍の間で軍事に係わる分野で協力・共通化を進め始めた。特に、両軍の装備や情報などのインターオペラビリティ（相互運用性）の向上、シーレーンの防衛などが、日本の防衛政策の中で一層具体化されていくことになった。

（2）鈴木・レーガン首脳会談と中曽根・レーガン首脳会談

レーガン大統領就任後間もなくして行われた日米首脳会談は、「新冷戦」を追い風にして、日米関係を「同盟」の関係と規定し、「思いやり予算」や「指針」により新たに動き出したアメリカとの関係を再確認し、積極的にアメリカとの軍事・安全保障政策上の協力関係を日本の国際社会との接点にした。一九八一年五月七日、八日の鈴木・レーガン首脳会談の共同声明（八日）は、初めて「日米の同盟関係」を謳った。[41]

（1）総理大臣と大統領は、日米両国間の同盟関係は、民主主義及び自由という両国が共有する価値の上に築かれていることを認め、両国間の連帯、友好及び相互信頼を再確認した。

（8）総理大臣と大統領は、日米相互協力及び安全保障条約は、日本の防衛並びに極東における平和及び安定の基礎であるとの信念を再確認した。両者は、日本の防衛並びに極東の平和及び安定を確保するに当たり、日米両国間において適切な役割の分担が望ましいことを認めた。総理大臣は、日本は、自主的にかつその憲法及び基本的な防衛政策に従って、日本の領域及び周辺海・空域における防衛力を改善し、並びに在日米軍の財政的負担をさらに軽減するため、なお一層の努力を行うよう努める旨述べた。大統領は、総理大臣の発言に理解を示した。両者は、日本の防衛に寄与することに対する共通の利益を認識し、安全保障問題に関するなお一層実り多い両国間の対話に対する期待を表明した。この関連で、両者は、六月に予定されている大臣レベル及び事務レベル双方での日米両国政府の代表者による安全保障問題に関する会合に期待した。

更に、同日のナショナル・プレス・クラブでの記者会見において、質問に答えて、日本が中東の石油に依存していることとシーレーン（海上輸送路）防衛を結び付けて、「米国の第七艦隊はインド洋もしくはペルシャ湾方面に移動し、この海域の安全保障に当たっている。これにより、日本の周辺がそれだけ留守になるのはやむをえない。この留守になった日本周辺海域を少なくとも自分の国の庭であるということで、日本が十分、自分で守るだけの苦労をすべきではないか。われわれは日本周辺海域の数百マイルの範囲内、そして海上輸送路の約一千マイルを憲法の条項に照らし、わが国の自衛の範囲内として守っていくとの政策を今後も続けるかんがえである」と答えた(42)。日米首脳会談でもう一つ重要な点は、日本が関与する地域がペルシャ湾にまで延びた、ということである。共同声明は「中近東、なかんずく湾岸地域平和と安全の維持が、全世界の平和と安全にとり極めて重要であることを確認……同地域の安全が脆弱な状況にあることに直面しての米国の確固たる努力が安全を回復することに貢献していること、及びそれにより日本を含む多くの諸国が裨益していることに意見の一致をみた」と記し、日本の安全保障がペルシャ湾にまで広がったことを日本は確認した。[43]

鈴木首相が持ち出し、議論を引き起こした「日米同盟関係」は一九八三年一月一八、一九日に中曽根康弘首相がレーガン大統領と会談した時に改めて確認されるところとなった。一八日付の『ワシントン・ポスト』紙で中曽根首相との会見記事で、「日本列島を不沈空母のようにし、ソ連のバックファイアー爆撃機の侵入に対する巨大な防壁を築くこと」「日本列島の四つの海峡を完全に支配し、ソ連の潜水艦を通過させず、他の艦船の活動を阻止する」、そして「海と交通（シーレーン）を確保、維持する」と発言した、と伝えられた。[44] 首相にしてみれば、就任前の日米安保体制の内容の変化を反映したにすぎないのであろうが、首相の「日米両国は太平洋を挟む運命共同体」を含む発言は、鈴木首相の「日米同盟関係」よりも一層明確に対米協力姿勢を表現した、といっていい。戦後の日米関係の歴史の中で、一九八〇年代半ばの日米関係が最も国防総省化（Pentagonize）した時だといっていい。八三年度の『アメリカ国防報告』は、鈴木首相と中曽根首相の前向きの姿勢を高く評価し、「シーレーン防衛」「三海峡封鎖」を打ち出した日本の防衛協力を公約と捉え、アメリカの世界戦略を補完する役割を果たすものと期待された。[45]

結語

一九七〇年代、一九八〇年代において、「ニクソン・ドクトリン」を中心にして、政権が変わろうが、アメリカの外交・安全保障政策は構想され、遂行・展開されてきた。前述したように、アメリカが期待する日本の役割は極めて大きなものがあった。見てきたように、日本は、確かに、それに応えてきた。アメリカの日本の評価には芳しいものがあった。一九八四年二月一日の『米国国防報告』でワインバーガー国防長官は東アジア・太平洋に対する政策に関して次のように説明していた。

アメリカの利益及び安全保障は、東アジアと太平洋に密接に結びついている。戦時の政策目標はアメリカ領土及び太平洋の同盟国と友好国との間の海上交通路を防衛し、同盟国の自衛に対する援助を行うことである。アメリカはアジアにおけるアメリカの利益を守るための手段を保持しつつ、太平洋国家としてとどまる意向である。北東アジアでは、アメリカは同盟国に対し、地域の防衛のためにもっと責任を取るようにすすめている。アメリカは日本に対し、八〇年代中に一〇〇〇マイルの海上交通路防衛を含む自衛任務を遂行するために必要な戦力を持つようにすすめてきた。(46)

『一九八八年度米国国防報告』は、日本の増大する防衛協力を、アメリカが構想する戦略の中で、どのように評価しているか、明確に伝えている。

この地域のバランスには、ソ連に有利な面がいくつかあるものの、アメリカ及びその同盟国に有利な地域全体にわたって考慮すべき多くの重要な事項がある。日本はこの地域における民主主義の防衛強化のために重要な役割を果たしている。日本はその重要な位置、能力の向上、自衛隊の近代化及び新たな任務の引き受けにより、自国防衛のための主要な役割を果たし、かつアメリカの前方展開兵力に対する緊要な支援施設の提供を行っている。ソ連が自国本土に近い海峡にSSBNを配備していることにより、日本海及びオホーツク海の入り口を左右する列島の戦略的重要性が高まっている。(47)

この『報告』は、日本がいかに東アジアの安全保障にとって重要であるかを冷厳に述べ、八〇年代前半の日本政府の一連の防衛協力・努力を評価し、特に一〇〇〇マイルまでのSLOC防衛を重視しているかを教えてくれる。同じ評価がアーミテージ国防次官補によって、つぎのようになされた。

(1) 日本が防衛力を拡大するのは、アメリカと協同して一〇〇〇カイリのシーレーンを防衛するためである。日米間の役割分担――アメリカ政府内部で一九八一年初め以来、検討・評価を積み重ねた結果出てきた要請――は、アメリカが太平洋国家として残り、日本が穴埋めをするような空白を作らないこと、日本の役割が限定的であること、この二条件の下でアジア諸国に受け入れられている。

（2） 日本の保持しようとする防衛力は、ソ連の脅威に対抗してアメリカの助力によって生存するのに適したものであり、日本が独自の戦力投射能力を持とうとするものではない。

（3） 日本が攻撃力を持たないという政策は広範な支持を得ている。日本が九〇年代に持とうとしている防衛力は、鈴木首相が八一年五月に表明した日本本土防衛と一〇〇〇カイリシーレーン防衛で、他国に脅威をあたえるものではない(48)。

日米安保体制は、アメリカ太平洋軍の前方展開のために日本列島にいくつかの重要拠点としてのアメリカ軍基地を配し、日本の独自性を欠いた形で、維持、強化されていった。とりわけ一九七三年に横須賀海軍基地は西太平洋における最も重要な基地として位置づけられ、第七艦隊所属艦の母港となり、今日に至っている。他の重要な基地は、例えば、北から三沢空軍基地、横田空軍基地（在日アメリカ軍司令部）、厚木海軍基地、キャンプ座間陸軍基地、岩国海兵隊航空基地、佐世保海軍基地、そして施政権が返還された沖縄には、嘉手納空軍基地をはじめとして在日アメリカ軍基地の約七割が存在している。

日本はアメリカの東アジア・東南アジア・南アジア・中近東への安全保障政策・戦略の中に確実に組み込まれていった。

［資料１］　琉球列島の行政区分

琉球列島の行政区域は、北緯28度、東経124度40分を起点とし、北緯24度、東経122度、北緯24度、東経133度及び北緯27度、東経131度50分、北緯27度、東経128度18分、北緯28度、東経128度18分の点を経て起点に至る地理的境界内の諸島、小島、環礁及び岩環並びに領海より成る（1953年12月25日琉球列島米国民政府布告第27号「琉球列島の地理的境界」、及び1953年12月26日布令第68号改正第５号「琉球政府章典」参照）

1）　沖縄群島は北緯28度、東経124度40分を起点とし、北緯28度、東経128度18分の点、北緯27度、東経128度18分、北緯27度、東経131度50分の点、北緯24度、東経133度の点、北緯24度、東経128度の点、及び北緯27度、東経124度２分の点を経て起点に至る.

2）　宮古群島は北緯27度、東経124度２分を起点とし、北緯24度、東経124度40分の点、及び北緯24度、東経128度の点を経て起点に至る.

3）　八重山群島は北緯27度、東経124度２分を起点とし、北緯24度、東経122度の点、及び北緯24度、東経124度40分の点を経て起点に至る.（琉球列島米国民政府布令第148号改正第２号）

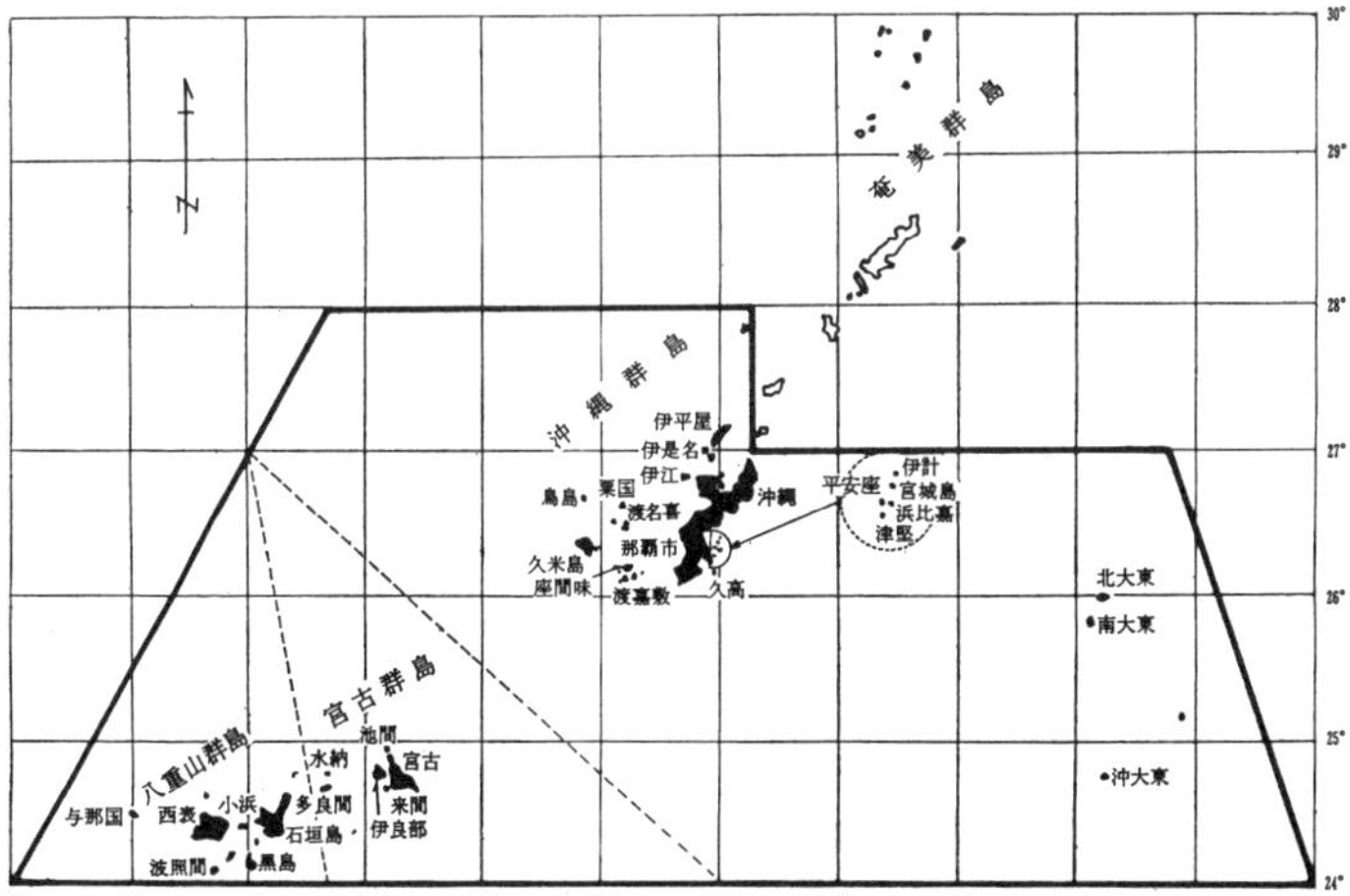

出典：中野好夫編『戦後資料　沖縄』日本評論社、1969年、730頁。

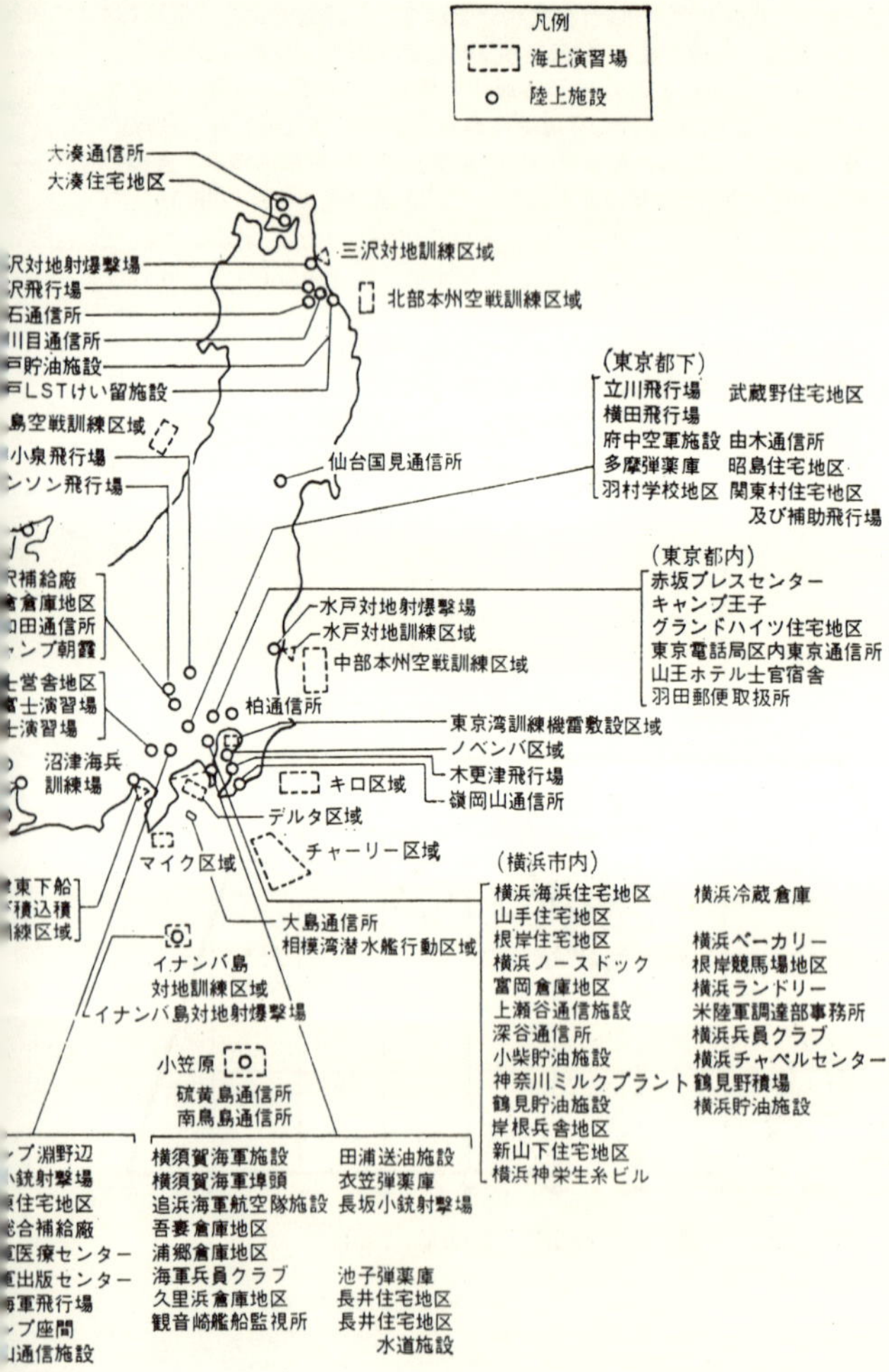
凡例
海上演習場
陸上施設
大湊通信所
大湊住宅地区
三沢対地訓練区域
沢対地射爆撃場
沢飛行場
北部本州空戦訓練区域
石通信所
川目通信所
戸貯油施設
戸LSTけい留施設
島空戦訓練区域
小泉飛行場
ンソン飛行場
仙台国見通信所
(東京都下)
立川飛行場　武蔵野住宅地区
横田飛行場
府中空軍施設　由木通信所
多摩弾薬庫　昭島住宅地区
羽村学校地区　関東村住宅地区
及び補助飛行場
(東京都内)
赤坂プレスセンター
キャンプ王子
グランドハイツ住宅地区
東京電話局区内東京通信所
山王ホテル士官宿舎
羽田郵便取扱所
沢補給廠
倉庫地区
田通信所
ャンプ朝霞
水戸対地射爆撃場
水戸対地訓練区域
中部本州空戦訓練区域
士営舎地区
富士演習場
士演習場
柏通信所
東京湾訓練機雷敷設区域
ノベンバ区域
木更津飛行場
嶺岡山通信所
沼津海兵
訓練場
キロ区域
デルタ区域
チャーリー区域
マイク区域
東下船
積込積
練区域
大島通信所
相模湾潜水艦行動区域
(横浜市内)
横浜海浜住宅地区　横浜冷蔵倉庫
山手住宅地区
根岸住宅地区　横浜ベーカリー
横浜ノースドック　根岸競馬場地区
富岡倉庫地区　横浜ランドリー
上瀬谷通信施設　米陸軍調達部事務所
深谷通信所　横浜兵員クラブ
小柴貯油施設　横浜チャペルセンター
神奈川ミルクプラント　鶴見野積場
鶴見貯油施設　横浜貯油施設
岸根兵舎地区
新山下住宅地区
横浜神栄生糸ビル
イナンバ島
対地訓練区域
イナンバ島対地射爆撃場
小笠原
硫黄島通信所
南鳥島通信所
プ淵野辺
銃射撃場
住宅地区
総合補給廠
医療センター
出版センター
海軍飛行場
プ座間
通信施設
横須賀海軍施設　田浦送油施設
横須賀海軍埠頭　衣笠弾薬庫
追浜海軍航空隊施設　長坂小銃射撃場
吾妻倉庫地区
浦郷倉庫地区
海軍兵員クラブ　池子弾薬庫
久里浜倉庫地区　長井住宅地区
観音崎艦船監視所　長井住宅地区
水道施設

［資料２］　主要在日米軍配置図（1969年）

出典：朝日新聞安全保障問題調査会編『70年安保の新展開』朝日新聞社、1969年、

[資料3]　主要在日米軍配置図（1969年）

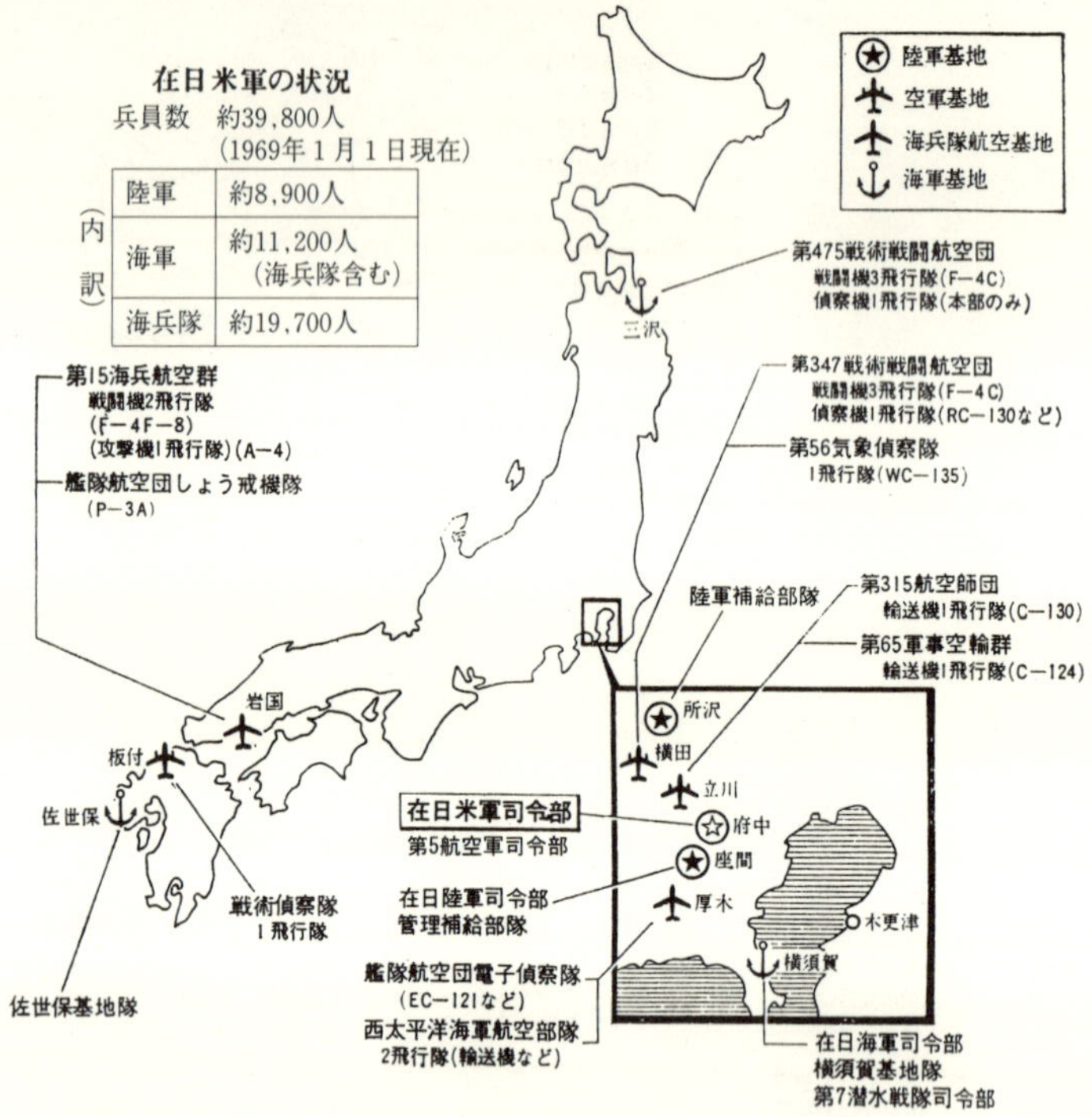

主要部隊配置状況

	部隊等	所在地
	在日米軍司令部（太平洋方面軍司令部指揮下）	府中
陸軍	在日米陸軍司令部（太平洋陸軍司令部指揮下）	座間
陸軍	管理補給部隊	座間など
海軍	在日米海軍司令部（太平洋艦隊司令部指揮下）	横須賀
海軍	基地隊	横須賀 佐世保
海軍	第一五海兵航空群（第七艦隊指揮下）	岩国
海軍	艦隊航空団（第七艦隊指揮下）	岩国 厚木
	西太平洋海軍航空部隊（太平洋海軍航空部隊指揮下）	厚木
空軍	第五航空軍司令部（太平洋空軍司令部指揮下）	府中
空軍	第四七五戦術戦闘航空団	三沢
空軍	第三四七戦術戦闘航空団	横田
空軍	第三一五航空師団（太平洋空軍直轄）	立川
空軍	第六五軍事空輸群（軍事航空輸送空軍指揮下）	立川

出典：朝日新聞安全保障問題調査会編『70年安保の新展開』朝日新聞社、1969年、143頁。

[資料4] 在日米軍駐留経費負担（思いやり予算）の推移　(単位：億円)

	提供施設整備	労務費	光熱水料等	訓練移転費	合　計
1978		61.87	—	—	61.87
1979年	140.24	139.64	—	—	279.88
1980年	227	147	—	—	374
1981年	276	159	—	—	435
1982年	352	164	—	—	516
1983年	439	169	—	—	608
1984年	513	180	—	—	693
1985年	613.70	193.28	—	—	806.98
1986年	626.83	190.67	—	—	817.50
1987年	735.29	360.94	—	—	1,096.23
1988年	791.83	411.32	—	—	1,203.15
1989年	890.47	532.47	—	—	1,422.94
1990年	1,001.38	678.81	—	—	1,680.19
1991年	957.28	791.20	27.04	—	1,775.53
1992年	997.10	904.30	81.01	—	1,982.41
1993年	1,051.83	1,073.28	160.56	—	2,285.67
1994年	1,021.56	1,251.73	230.15	—	2,503.43
1995年	982.25	1,426.78	304.71	—	2,713.74
1996年	972.63	1,448.45	309.99	—	2,734.58
1997年	952.51	1,462.30	318.73	3.51	2,737.06
1998年	736.52	1,481.32	316.44	3.71	2,538.00
1999年	933.91	1,502.51	316.16	3.85	2,756.43
2000年	960.74	1,492.69	297.61	3.54	2,754.58

注：防衛施設庁資料等より作成。

出典：前田哲男著『在日米軍基地の収支決算』筑摩書房、2000年、220頁。

（単位：億円）

1988年	1989年	1990年	1991年	1992年	1993年	1994年	1995年	1996年	1997年	1998年	1999年	2000年
2,614	2,938	3,228	3,392	3,652	4,009	4,273	4,527	4,631	4,617	4,392	4,630	4,653
792	890	1,001	957	997	1,052	1,022	982	973	953	737	934	961
411	532	679	791	904	1,073	1,252	1,427	1,448	1,462	1,481	1,503	1,493
-	-	-	27	81	161	230	305	310	319	316	316	298
-	-	-	-	-	-	-	-	4	4	4	4	4
663	715	702	697	694	718	727	736	738	730	658	631	610
479	514	544	604	643	671	694	712	775	793	818	843	865
3	3	11	6	9	3	7	10	3	2	18	18	41
267	283	290	310	323	331	342	355	380	355	360	381	381
237	242	218	220	224	219	225	230	212	215	357	-	-
2,851	3,180	3,446	3,612	3,876	3,228	4,498	4,757	4,843	4,833	4,749		
684	790	959	1,159	1,301	1,384	1,446	1,500	1,546	1,583	1,593		
3,536 (26)	3,970 (33)	4,405 (32)	4,771 (37)	5,177 (40)	5,612 (46)	5,944 (56)	6,257 (64)	6,389 (66)	6,416 (60)	6,342 (54)		
46	46	35	39	31	31	34	34	34	30			

[資料5] 在日米軍駐留関係経費の推移

	1978年	1979年	1980年	1981年	1982年	1983年	1984年	1985年	1986年	1987年
1.防衛施設庁	1,124	1,464	1,558	1,630	1,785	1,813	2,069	2,178	2,226	2,532
①提供施設の整備	-	140	227	276	352	439	513	614	627	735
②労務費	62	140	147	159	164	169	180	193	191	361
③光熱水料	-	-	-	-	-	-	-	-	-	-
訓練移転費	-	-	-	-	-	-	-	-	-	-
⑤周辺対策	272	346	400	459	475	455	617	632	640	663
⑥施設の借料	337	352	368	399	437	412	423	442	489	461
⑦リロケーション	269	296	222	152	130	120	110	63	38	11
その他	185	191	194	185	227	218	226	234	240	301
2.その他の省庁	220	225	221	207	218	219	216	219	239	250
Ⅰ合計(1+2)	1,344	1,690	1,780	1,837	2,003	2,032	2,285	2,398	2,465	2,783
Ⅱ提供普通財産借上試算	415	400	400	449	499	536	562	587	592	617
日本側負担総計(Ⅰ+Ⅱ)(億ドル)	1,759 (8)	2,089 (10)	2,179 (9)	2,287 (11)	2,502 (11)	2,568 (10)	2,847 (12)	2,985 (13)	3,057 (15)	3,400 (21)
米側負担(億ドル)	15	17	19	23	23	23	23	26	33	38

注:1.計数は四捨五入によっているので符合しないことがある。注2.出典は各年度の「衆議院予算委員会要求資料」。(防衛施設庁及び外務省)

出典:前田哲男著『在日米軍基地の収支決算』筑摩書房、2000年、162-3頁。

［資料６］「思いやり予算」の推移

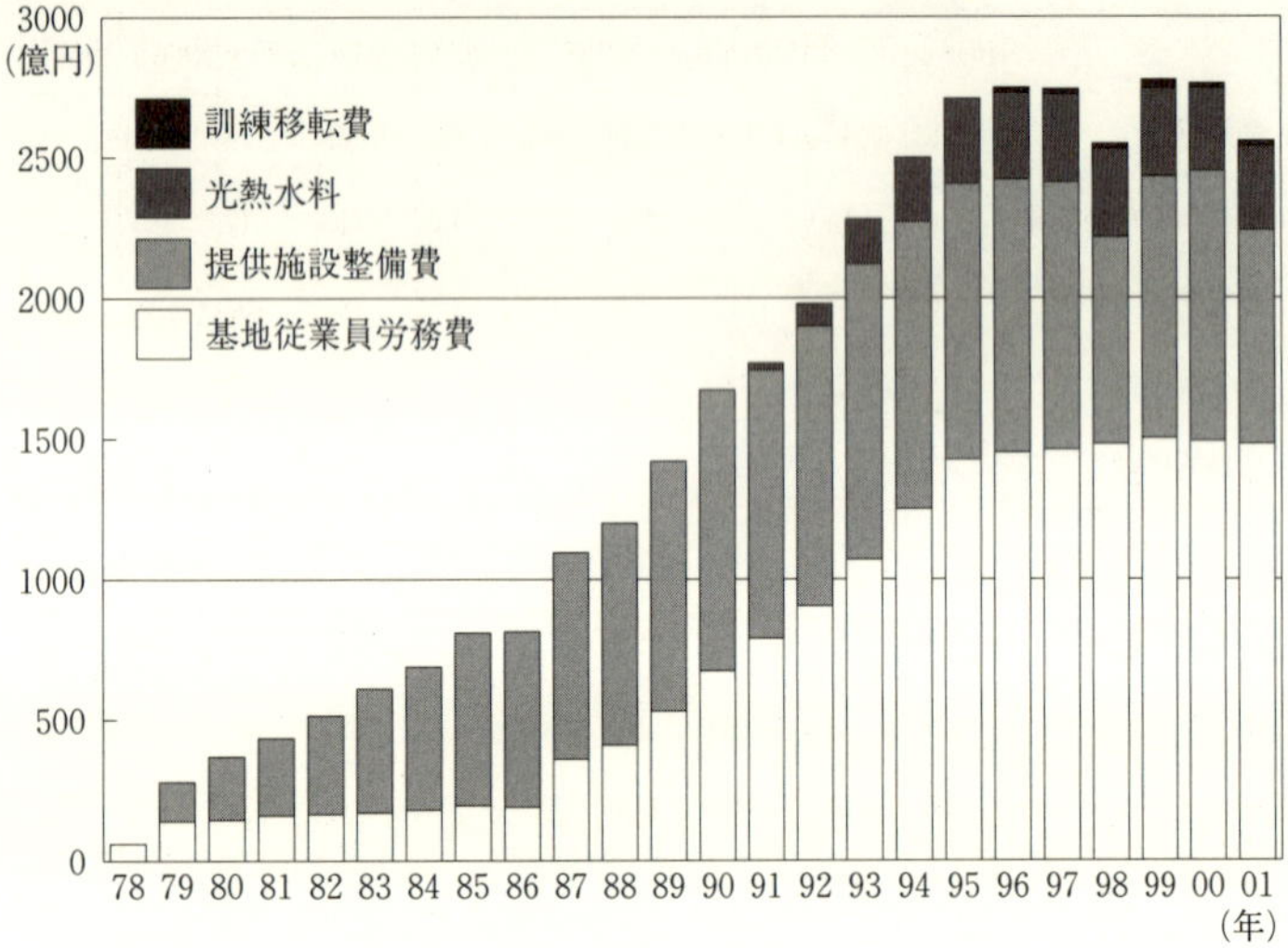

出典：梅林宏道著『在日米軍』岩波書店、2002年、40頁。

［資料７］ 最近10カ年の在日米軍駐留経費日米負担額

（億ドル）

	1988年	1989年	1990年	1991年	1992年	1993年	1994年	1995年	1996年	1997年
日本側負担額	26	32	32	37	40	46	56	64	66	60
米側負担額	46	46	35	39	31	31	34	34	34	30

注：日本側負担額は在日米軍駐留関係経費を各年度の支出官レートでドル換算したものである。

出典：前田哲男著『在日米軍基地の収支決算』筑摩書房、2000年、165頁。

［資料８］　在日米軍駐留経費の負担

提供施設整備費 ←	○　1979年度から、施設・区域内に家族住宅、隊舎、環境関連施設等を日本側の負担で建設し、米軍に提供	…「地位協定の範囲内」と解釈
労　務　費 ←	○　1978年度から福利費等を、1979年度から国家公務員の給与条件を超える給与を日本側が負担	…「地位協定の範囲内」と解釈
	○　1987年度から年末手当、退職手当等８手当を日本側が負担	………特別協定(1987)
	○　1991年度から基本給等を日本側が負担（段階的に負担の増大を図り、1995年度には、全額を負担）	………特別協定(1991)
光 熱 水 料 等 ←	○　1991年度から、電気、ガス、水道、下水道及び燃料（暖房、調理、給湯用）を日本側が負担（段階的に負担の増大を図り、1995年度には、全額を負担）	………特別協定(1991)
訓 練 移 転 費 ←	○　1996年度から訓練移転に伴い追加的に必要となる経費を日本側が負担	………特別協定(1995)

出典：前田哲男著『在日米軍基地の収支決算』筑摩書房、2000年、221頁。

[資料9]　在日米軍兵力の現況（本土）

出典：我部政明著『日米安保を考え直す』講談社、2002年、41頁。

[資料10]　在沖縄米軍兵力の現況

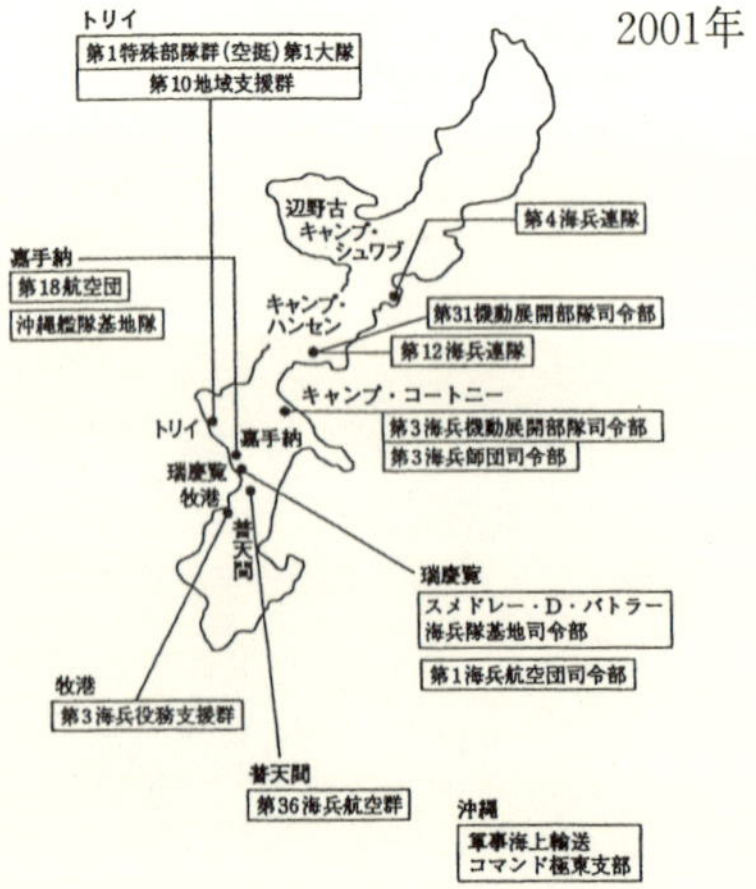

出典：我部政明著『日米安保を考え直す』講談社、2002年、43頁。

[注]

(1) サンフランシスコ講和条約の資料はたくさんあるので、この章では特定しません。
(2) 旧安全保障条約、行政協定、新安全保障条約、地位協定の資料はたくさんあるので、この章では特定しません。
(3) 吉岡吉典、新原昭治編『資料集二〇世紀の戦争と平和』(新日本出版社、二〇〇〇年)、二八一頁。
(4) 同上、二八〇頁。
(5) 同上。
(6) 細谷千博、有賀貞他編『日米関係資料集一九四五－九七』(東京大学出版会、一九九九年)、五四一～五四五頁
(7) 同上、六二三～六二七頁。
(8) 同上、六二七～六三二頁。
(9) 石井修、我部政明、宮里政玄監修『アメリカ合衆国対日政策文書集成(第10期)日米外交防衛問題一九六六年』(柏書房、二〇〇二年)、一三～四六頁。原資料(英文)は一五頁～四六頁。
(10) 『日米関係資料集』、前出七四八～七五五頁。
(11) 同上。
(12) 同上。
(13) リチャード・ニクソン『浮上する平和構造』(一九七二年二月九日の議会への外交報告)、四～五頁。
(14) Richard Nixon, *U.S. Foreign Policy for the 1970's: A New Strategy for Peace*, Washington, D.C.: Government Printing Office, 1970, pp. 4-5, pp. 28-29.
(15) *Ibid.*, pp. 55-6.

(16) Henry Kissinger, *White House Years*, Boston: Little, Brown and Company, 1979, p. 223.
(17) *Ibid.*, p. 325.
(18) *Ibid.*, p. 326.
(19) 吉岡、新原前出、三一八～三一九頁。
(20) 細谷、有賀他前出、七八六～七九三頁。
(21) Richard Nixon, "Asia After Viet Nam", *Foreign Affairs*, vol. 46, no. 1, (October 1967), p. 121.
(22) *Ibid.*
(23) *Ibid.*, pp. 123-4.
(24) 細谷、有賀他前出、七九三～七九九頁。
(25) Kissinger, *op. cit.*, pp. 334.
(26) 細谷、有賀他前出、七八八頁。
(27) 同上、八二五～八二六頁。
(28) 我部政明『日米安保を考え直す』（講談社現代新書、二〇〇二年）、四五～四七頁。
(29) 梅林宏道『在日米軍』（岩波新書、二〇〇二年）、四〇～四一頁。
(30) 細谷、有賀他前出、七八八頁。
(31) 若泉敬『他策ナカリシヲ信ゼムト欲ス』（文藝春秋、一九九四年）、四一七～四一八頁。
(32) Kissinger, *op. cit.*, pp. 334-5.
(33) 『朝日新聞』二〇〇〇年一月六日、朝刊、第一面。
(34) Nixon, *U.S. Foreign Policy for the 1970's*, p. 58.
(35) フォード大統領の演説。*U.S. News and World Report*, April 21, 1975, p. 82.
(36) 一九七五年四月一〇日のフォード演説。*Weekly Compilation of Presidential Documents*, vol. 11, no. 15,

Government Printing Office, 1975, pp. 364-5.

（37）*Report for Department of Defense Appropriations Bill, 1975*, Government Printing Office, 1974, pp. 32-4.

（38）東京での記者会見。名古屋アメリカン・センター所蔵ＶＴＲ。

（39）U. S. Embassy, *Wireless Bulletin*, no. 77, 1976, p. 3.

（40）防衛庁『日本の防衛』（一九七九年）、一七七〜一八三頁。

（41）細谷、有賀他前出、一〇〇三〜一〇〇四頁。

（42）吉岡、新原前出、三三一頁。

（43）細谷、有賀前出、一〇〇四頁。

（44）同上、一〇二七〜一〇二八頁。

（45）Casper W. Weinberger, "Excerpts from the Annual Defense Report to Congress for FY 1988." *Official Text* (Tokyo: American Embassy, 1987), no. 3, p. 4.

（46）Casper W. Weinberger, "*Annual Defense Report to the Congress on the FY 1985 Budget, FY 1986 Authorization Request and FY 1985–89 Defense Programs*, February 1, 1984, Washington, D. C.: Government Printing Office, 1984, pp. 218-9.

（47）Weinberger, "Excerpts," *op. cit.*, pp. 2-3.

（48）Richard L. Armitage, "Japan's Defense Program: 'No Cause for Alarm'," *The Washington Post*, January 29, 1987, p. 1.

〔付記〕　本稿は一九九五年度「南山大学パッヘＩＡ特定研究助成による研究」成果の一部である。

4

フィリピンの米軍基地問題

——植民地時代から一九九二年まで

中野聡
Nakano Satoshi

はじめに

かつてはフィリピンも米軍基地問題で揺れた国のひとつであった。しかし一九九一年に比米基地協定が失効して、翌九二年、在フィリピン米軍基地は全面返還されて米軍も撤収した。それゆえ、あまり事情に通じていない日本人の間では、嘉手納・横須賀・佐世保よりも巨大なクラーク空軍・スービック海軍両基地を返還させ、基地の民生転用を進めたフィリピンは、大国アメリカに対して軽々と身を翻した、ちょっと輝く存在かもしれない。しかし、もちろん現実はそれほど単純ではない。なぜ基地の撤去は可能であり、必然だったのか。その答えを、本章は、米国がフィリピンを併合した一八九八年から始まる植民地時代にさかのぼり、第二次世界大戦・フィリピン共和国の独立

（一九四六年）を経て一九九二年の米軍撤収に到るまでの、軍事基地をめぐる比米関係史から考えてみたい。

1　植民地時代の基地問題

あたりまえの話だが、在フィリピン米軍基地の出発点は、米国植民地時代にさかのぼる。[1]アメリカ・スペイン戦争（一八九八年）のパリ講和条約で、米国はスペインからフィリピン諸島をグアム、プエルトリコなどとともに――フィリピンについては有償（二〇〇〇万ドル）で――獲得した。しかし米国に併合されたフィリピンでは、すでに一八九六年に始まっていたスペインに対する独立革命が進行しており、米国はアメリカ・フィリピン戦争（一八八九―一九〇二年「反乱」平定宣言）で、この独立革命を武力制圧することからフィリピンの占領を開始した。

本来はカリブ海キューバの対スペイン独立戦争への介入という性格をもっていたアメリカ・スペイン戦争が、ジョージ・デューイ提督の率いる米極東艦隊のマニラ湾におけるスペイン艦隊の撃破に始まったことは、この戦争を利用して、極東における軍事・政治・経済上の前哨基地を獲得しようとした、共和党ウィリアム・マッキンレー政権のセオドア・ローズヴェルト海軍省次官やエリュー・ルート陸軍長官など、一部の「帝国主義者《インペリアリスト》」たちの企てによるものだった。とりわけセオドア・ローズヴェルトは、イギリス帝国に範をとり、海軍拡張と海外植民地の獲得の必要性を力説したアルフレッド・マハンの「海洋権力論」の強い影響を受けていた。彼にとって、フィリピン諸島の獲得はマハンが説く海洋帝国論の実践だった[2]。

このような併合目的からすれば、米国はただちにフィリピンをアメリカ帝国の東洋における前哨基地として活用してもよかったはずである。実際、一九〇三年にはスペイン時代から軍港機能をもっていたサンバレス州スービック湾が海軍基地に選定され、一九〇六年には二万トン級船舶の補修能力をもつフローティングドック船デューイ号が搬入された（このドック船は日本軍侵攻に際して自沈・廃棄された[3]）。しかし、スービックを太平洋海防の拠点にしようとした海軍のスービック基地要塞化案は、マニラ（湾）防衛を主張する陸軍との対立もあってまとまらず、結局、セオドア・ローズヴェルト政権はスービック基地の拡張を断念して、一九〇八年以降、ハワイが米国の太平洋海防の拠点として要塞化されることになったのである[4]。

（1）前哨基地にはならなかったフィリピン

なぜ米国はフィリピンに前哨基地としての軍事機能をもたせなかったのか。併合当初の「反帝国主義運動」以来、米国では連邦議会・民主党を中心にフィリピン領有に対する反対論や消極論が根強く、軍事基地化に対する議会の支持を得られる見通しはもともと低かった。さらに植民地維持論者の側でも、フィリピンを前哨基地化することには実は慎重な見解が大勢を占めていた。フィリピンは米国本土から遠隔の地にあって有事に補給線を確保することが困難であるだけでなく、七〇〇〇以上の島嶼からなり、海岸線が長いために、外敵からの攻撃には弱点をかかえている。独立革命は制圧したとはいえ、外敵に呼応して反米独立運動が背後の敵となる可能性も捨てきれない。外敵とは誰か。併合当初はイギリス、フランス、ドイツなどヨーロッパの帝国主義諸国が想定されていたが、まもなく日本が日露戦争（一九〇四—〇五年）に勝利して軍事強国の地位を確立、とりわけその海軍力を世界に見せつけると、仮想敵国は日本になった。地理的に近く強力な海軍をもつ日本の攻撃からフィリピン諸島を守ることは、いっそう軍事的には困難であった。

日米戦争を想定して一九世紀末から改定を重ねた陸海軍合同の作戦案として知られる「オレンジ案」（同計画では、日本がオレンジ、米国がブルーと符号化されていた）は、一九二八年版で、開戦後約一カ月で日本軍は三〇万の兵力をルソン島に上陸させる能力があると想定して、これに対してフィリピンを防衛することは事実上不可能だという見通しから、少数の米軍守備隊がマニラ湾口の要塞に立てこもって反転攻勢に希望をつなぐ作戦案を練る一方、戦争そのものについては日本の軍事力と経済システムを破壊することで有利な講和条件を獲得することに主眼が置かれていた[5]。両大戦間期を通じてマニラ湾口の小島コレヒドールに難攻不落の要塞が整備されたのは、このような作戦計画に呼応したものだった。しかしそれはあくまで守備要塞であって、それ以上には米国政府は、フィリピン諸島の前哨基地化を進めようとはしなかった。ひとたび日米戦争となればフィリピンが主戦場となるだろうことは明らかだったが、軍事的準備をすることで日米関係を緊張させたくはない。すなわち、フィリピンの存在そのものを開戦のリスク要因にしたくないというのが、歴代米国政府の一貫した方針だった。

日米両政府はフィリピンが日米関係上の争点となることを予防するために、少なくとも三回、約束を取り結んだ。日本の韓国に対する特殊権益と米国のフィリピン統治を相互に承認した秘密協定である桂・タフト協定（一九〇五年）、太平洋の現状維持に関する高平・ルート協定（一九〇八年）、米・日・英・仏の間で西太平洋における基地・要塞の新規建設をしないことを相互に保証したワシントン海軍軍縮条約（一九二二年）第一九条である。前二者の協定ではむしろ米国のフィリピン領有が、日本の大陸への権益伸張を容認するカードとして使われてしまったとも言えるし、後者によって米国は、同条約が一九三六年末に失効するまでのあいだ、フィリピンを軍事的に意味のある前哨基地にすることは事実上できなくなった。

役に立たないのならフィリピンをいっそのこと放棄してしまえばよいというのが植民地放棄論者の主張であった。フィリピン併合の立役者だったセオドア・ローズヴェルトさえ、まもなく考えを変え、フィリピンは米国の役に立っておらず、むしろ有事の際には軍事上の「アキレス腱」となると呼んで、早期撤収を唱えるようになった[6]。フィリピン側（一九〇七年の発足以来フィリピン議会で圧倒多数を占めたナショナリスタ党など）が即時無条件の完全独立を要求していたこともあって、一九一六年に米連邦議会で成立したジョーンズ法は「安定した統治（a stable government）が確立し次第」独立を付与することを定めた。さらに一九二九年に始まった大恐慌と一九三一年の満州事変によって、米連邦議会の植民地放棄論は一気に加速した。そして一九三四年には、自治政府を発足させ、約一〇年の独立準備期間を経て完全独立を付与することを定めたタイディングス・マクダフィー法が成立した。同法に従って一九三五年にフィリピン・コモンウェルス政府が発足し、一九四六年七月四日にフィリピン共和国が独立することを予定したプログラムが始動した。同法は独立後も米国が海軍基地を維持する可能性を残していたが、一部の海軍基地をのぞいて米軍は全面撤収することを定め、海軍基地の継続使用についても独立後に二国間で政府協議をすることが定められた。また同法は、独立に際してフィリピンを永世中立国とすることについて可能な限り速やかに関係諸国との交渉を開始するよう、米国大統領に求めていた(7)。

(2) 日米戦争とフィリピン

このように一九三〇年代後半、フィリピン独立にむけたプログラムが始まる一方、皮肉にも、フィリピンの軍事的重要性は日米関係の緊張に伴い高まった。この時期に米国の対日政策を取り仕切っていた国務省極東部の幹部官僚スタンレー・ホーンベックは、極東における日本の帝国主義的膨張を制限し得る場所であるフィリピンに米国が主権を当面維持して、いつでも好きなときに要塞や海軍基地を構築できることは、日本を牽制するための格好の「ディプロマティック・ウェポン」(外交上の武器)だと述べていた。ただしホーンベックは、軍事常識から見てフィリピンに海軍基地を保有すべきではないとも断言していた。要するに海軍基地を保有しないという約束を、確実で重要な「見返りなしには保証・確約しない」というのが、彼の論理であった(8)。

一九四一年、日本と米国は、日米交渉の一方で相互に軍事的緊張をエスカレートさせるチキン・ゲームを繰り広げた。そのなかでフィリピンはようやく米国の積極的軍事政策の対象となった。日本の南部仏領インドシナ進駐に対して、フランクリン・ローズヴェルト大統領は、七月末、在米・在フィリピン日本資産の凍結、対日石油全面禁輸などの制裁措置を発動した。これと相前後して、ローズヴェルトは、タイディングス・マクダフィー法で認められていた権限により新たに在極東米陸軍USAFFEを編成、ここに在比米陸軍と——独立後の国防軍として一九三五年のコモンウェルス発足と同時に創設された——フィリピン・コモンウェルス陸軍を統合する命令を発した。同軍の司令官には、米陸軍参謀総長を退役後、コモンウェルス陸軍の最高軍事顧問としてフィリピン国防準備を指導してきたダグラス・マッカーサーが現役復帰して任命された。また同年九月以降、B17長距離爆撃機を中心とする航空兵力があらたにクラーク飛行基地に配備され、有事には台湾の日本軍飛行基地を空襲できる体制が整えられた。

戦争は、結局のところ軍事常識通りの展開を辿った。真珠湾への日本の先制攻撃は同計画の予想を超えていたが、日本がその後ハワイを占領することも第二撃もできなかったことは、同地を前哨基地として整備した米側の判断の正しさを示していた。一方、USAFFE司令官に就任したマッカーサーは、陸軍参謀総長時代から、フィリピンの国土防衛を放棄して要塞戦に持ち込むような「オレンジ」案（新対日戦争作戦案「レインボー五号」に継承）には批判的で、フィリピン政府の軍事顧問となった経緯からもそのような作戦案は政治的に容認できなかった。このためUSAFFE司令官就任後、マッカーサーは開戦直前の一一月末に計画を変更させて、フィリピン・コモンウェルス陸軍を全面的に活用したいわゆる「水際防衛」をめざした。しかし実際には、開戦後USAFFEはただちに旧来の計画に戻り、ルソン島の戦力をバタアン半島・コレヒドール要塞に集中させて持久戦に持ち込み、東南アジアの連合国軍守備隊としては最も長期にわたって日本軍を消耗させることに成功した。そして一九四四年一〇月、連合軍の逆上陸によってフィリピンはふたたび日米の決戦場となった。ここでも結局は外敵の侵略に対して守りにくい地勢的特徴に応じて、日本軍主力は早々に山間に退却して持久戦を挑み、大量の餓死・戦病死者を出しながらも、一九四五年八月まで、一応、軍司令部を維持することに「成功」したのである。

このように、日米戦争はフィリピンにおいてほぼ予想どおりの展開を辿った。予想をはるかに超えたのはその戦争被害の甚大さであった。第二次世界大戦でフィリピンは一九三九年国勢調査人口約一六〇〇万人に対して一一一万人余りにのぼる戦争犠牲者を出し、物的被害も五八億五〇〇〇万ドル(一九五〇年価格)にのぼった。被害は単に量的に甚大であっただけでなく、抗日ゲリラ弾圧や戦争末期の激戦に伴い各地で発生した住民虐殺事件の惨状は、戦後暴露された日本の戦争犯罪のなかでも際立っていた。日本もまた、軍・民間人あわせて約五〇万人にのぼる戦争犠牲者を出した。米軍の戦死者も約四万人にのぼったのである。(9)

2　第二次世界大戦と一九四七年基地協定

第二次世界大戦の結果、フィリピンをめぐる基地問題の様相は一変した。タイディングス・マクダフィー法の規定は一九四七年の基地協定によって置き換えられ、結果として米国はフィリピンに海外最大規模の空海軍基地を半世紀近くにわたって保持したのである。[10] ただし戦争終結直後の米国政府は、植民地時代と同様にフィリピンにおける基地の維持には消極的で、むしろ米軍基地の維持を強く望んだのは、第二次世界大戦の生々しい経験に呪縛されていたフィリピン政府であった。

(1) 対日戦争と基地問題

比米間で基地問題の協議が始まったのは、日本軍のフィリピン侵攻後、米国に脱出したコモンウェルス亡命政府のマヌエル・ケソン大統領とフランクリン・ローズヴェルト政権との間であった。[11] 早くも一九四三年五月にケソンは、第二次世界大戦後・独立後の比米関係の将来構想を述べた書簡のなかで「フィリピンだけでなく東洋全域の平和維持のため」の米空海軍基地の維持を提案している。そして一九四四年六月二九日、米連邦議会で、戦時・戦後の比米関係に関する諸政策をパッケージにした、第七八議会上下両院合同決議九三・九四号が成立した。この時点では対日戦を念頭において、合同決議は、海軍だけでなく空陸軍を含めた基地協定のための政府間交渉に入る権限を米国大統領に与えた。この直後の一九四四年八月に、ケソンは持病の肺結核が悪化して米国に客死した。

ケソンに替わって副大統領から昇格したセルヒヨ・オスメーニャ大統領は、一〇月二〇日のレイテ島上陸作戦でマッカーサーに同行したあと、対日戦争の最終局面から戦後にかけて比米関係の調整に奔走し、一九四五年四月には、ジョージア州ウォーム・スプリングスで静養中のローズヴェルトと会談した最後の要人の一人となった。比米首脳会談後、生前最後の記者会見で、ローズヴェルトは、記者団に対して比米関係の将来構想を語り、西太平洋地域の今後の安全保障を念頭においてフィリピンに海空軍基地を設置すべきだと述べるとともに、オスメーニャが強く望んでいた独立付与繰上げの可能性も示唆した。しかし、四月一二日、ローズヴェルトは脳溢血のため急逝した。結局フィリピンの独立は、一九三五年以来予定されてきた一九四六年七月四日に付与されることになる。

ローズヴェルトに代わって副大統領から昇格したハリー・トルーマンとオスメーニャは二度にわたって会談し、五月一四日に基地に関する予備合意文書（暫定基地協定）に調印した。同文書は比米相互防衛協力の原則を確認したうえで、米軍に基地の自由使用、米軍機の自由往来、米軍物資の免税扱い、米軍人の自由往来を認め、二四基地その他施設の暫定使用と第三国による基地使用禁止について合意したもので、米国にほとんど際限のない基地利用を認めていた[12]。ここで注意しなければならないのは、この時点ではまだ日本本土への上陸作戦が想定されており、フィリピンの基地は対日戦争の後方拠点と捉えられていた点である。オスメーニャ政権は、戦争状態下における米軍とコモンウェルス政府の二重権力状態に悩んでいたので、できれば独立を早めたかった。そこで独立後も米軍の戦争遂行・基地使用に支障のない協定を結ぶことで、対日戦争の展開如何にかかわらず一九四六年七月に予定されていた独立を少なくとも遅延させず、できれば早める条件を整えたい思惑があったのである。一方、米国政府・軍部は基地施設の使用継続と米軍の地位について過剰ともいえる要求をフィリピン側に認めさせたが、それは、伊藤裕子が指摘するように、戦後の諸条件が不透明なこの時点において「選択の場を幅広く確保しておくため」であって、必ずしもそれらを戦後においても使用することを前提としていた訳ではなかった(13)。

(2) 一九四七年基地協定

予想よりも早く戦争が終結したあと、比米両政府は、それぞれまだ戦時において両国議会から授権された権限をもって基地交渉に臨んだ。実質的な交渉が始まったのは、フィリピン独立後の大統領を決める一九四六年四月の選挙でオスメーニャを破ったマヌエル・ロハスが、独立をめぐる大詰めの調整のために五月に訪米してからである。ここで具体的な交渉の焦点となったのは、①司法管轄権(米兵、フィリピン人の関わる刑事裁判権の取り扱い)、②マニラ首都圏からの基地撤去(代替用地の提供)だった。①は戦後のあらゆる外国軍基地問題における懸案となるものだったが、フィリピン側は対等な同盟国としての取り扱いを米国政府に強く要求、在イギリス領米軍基地に関する英米協定の準用を求めた。②についてもマニラ首都圏に米軍が擁するニコラス飛行場(現在、新都心となっているマカティ地区)、米軍の中枢機能を担っていたマッキンレー陸軍基地(マカティ地区に隣接して現在再開発が進むボニファシオ基地跡地)などについて、核攻撃の対象になる懸念や、首都の米軍基地が反米感情を引き起こす懸念から、ロハス政権は米国側に配慮を求めて、交渉は難航した。

注目されるのは、基地問題から派生するナショナリズムが比米関係に与える悪影響を、フィリピン政府がすでに憂慮していたことである。対日作戦の拠点フィリピンには戦争終結時に大量の米兵が駐留していて、突然の戦争終結のために動員解除が遅れ、目的を失って帰国の遅れに不満を募らす米兵たちが大量に滞留していた。このオーバープレゼンスは、基地周辺やマニラ首都圏の地域住民と米軍兵士の間で交通事故・性犯罪その他のトラブルを頻発させて、住民の間に悪感情が生まれていた。つい最近までフィリピンの解放者として米兵たちは圧倒的な好感をもって迎えられていただけに、このような感情の変化をフィリピン政府は大いに憂慮したのである。(14)

しかしこれらフィリピン政府側の要望は、一九四六年秋になって、米軍・米国政府部内で陸海軍を中心に米軍の全面撤収論が強まったことから、大きな壁にぶつかった。海軍は沖縄とグアムに新たな基地建設を連邦議会に予算要求しており、沖縄・グアムと比較して外敵からの攻撃のリスクに対して弱いフィリピンの海軍基地拡張に優先順位をおくことには消極的だった。さらに一一月、ドワイト・アイゼンハワー陸軍参謀総長が、フィリピンから陸軍を全面撤収し、フィリピン政府が強く望む場合であってもごく小規模な駐留部隊を残すにとどめるべきだと提言したことで、米国政府部内の流れは一気に基地撤収に向かい始めた。

アイゼンハワーの覚書は、米比両国民の将来にわたる友好関係の方が、フィリピンにおける米国の戦略的利害よりも重要だと述べていた。それは裏を返せば、フィリピンの戦略的価値を否定するものだった。アイゼンハワーは、第二次世界大戦ヨーロッパ戦線司令官としての名声に加えて、一九三〇年代後半にマッカーサーの副官としてフィリピン防衛計画の準備に関与して豊富なフィリピン経験をもっていたので、その意見は大きな影響力をもった。この提言を支持する覚書で、ロバート・パターソン陸軍長官は、さらに財政上の理由を強調して、フィリピン政府が主張するマニラ首都圏からの米軍基地撤去には代替施設建設にかかる多額の建設費用が必要であること、日本、ドイツ、韓国、オーストリア、イタリアの占領という、より優先順位の高い重要な任務に投入しなければならない人員・予算との関係で、フィリピンに力を「浪費」できないことを強調した[15]。これらの意見を集約した結果、一二月一二日、国務省陸海軍省調整委員会SWNCCはフィリピンからの米陸軍の全面撤収と空海軍の実質的撤収に合意した（SWNCC340／1）。この合意に基づいてフィリピンにおける新規米軍施設の建設作業は中断され、建設契約の続行・破棄を明確にしなければならない事情から、翌年一月末までには在フィリピン米軍駐留の将来像を確定しなければならない事態となったのである[16]。

米軍撤退の動きを深く憂慮したロハス大統領は、ポール・マクナット米大使を通じて米軍駐留と基地の維持を自国の安全保障確保のために求める姿勢を改めて米国政府に伝えた[17]。このときフィリピン政府を呪縛していたのは「歴史の教訓」だった。彼らから見れば、過酷な日本軍の占領と悲惨な戦禍は、フィリピン防衛の確固たる意志を欠いていた米国の戦争準備不足を露呈した第二次世界大戦緒戦の敗北と、開戦後もヨーロッパ優先主義のために米国のフィリピン奪回への取り組みが遅れた結果であった。しかも、その同じ米国の圧倒的軍事力によってのみ、はじめてフィリピンは日本の支配から解放された。この苦い経験がフィリピンの政府外交に与えた「教訓」は、フィリピン防衛に対する米国の保障を確実にすること、そして再びフィリピンが米国のヨーロッパ優先主義の犠牲にならないことの重要性であった。基地協定は、米国のフィリピンに対するコミットメントを保障するために必要だと考えられたのである。

このように、フィリピン政府側の強い要望に応じて米国政府が米軍駐留と基地維持のための協定を結ぶことになったことは、フィリピン側に種々の妥協を余儀なくさせた。一九四七年三月一四日に結ばれた比米基地協定では、マニラ首都圏の米軍基地はほぼ全面返還されることになったが、もうひとつの焦点の司法管轄権については、第一三条・第一四条で、①米軍基地内の犯罪については、加害者・被害者ともに米軍に所属しないフィリピン人である場合およびフィリピンの国家安全保障を脅かす犯罪を除いて米国側が管轄（米軍事法廷で裁判）、②基地外の犯罪についても、加害者・被害者ともに米軍人である場合、さらに基地外についても米軍人による米国安全保障を脅かす犯罪は米国が管轄することを定めた。前者は、フィリピン人は米軍事法廷で裁かれないとする一九二二年のフィリピン最高裁判決を覆すものであった。また後者については、その細則で「特定の軍務の遂行中」に起きた犯罪および「米比いずれかの政府が国家緊急事態を宣言している期間中」の犯罪については、米側に管轄権を認めることが定められた。この規定は後に多くの事件で米兵のフィリピン人に対する犯罪をフィリピン側が訴追できない事態を招いた。また、フィリピン側に管轄権がある場合でも、訴追対象となった米軍人は最寄りの基地で拘置されることになった。さらに協定第三条は、米軍の基地使用について、有事・平時の区別をせず、ほぼ無条件の自由使用を認めた。これはフィリピンの国家主権にも関わると同時に、近隣諸国との友好関係にも悪影響を及ぼしかねない内容であった。協定期限は九九カ年に設定された。

このように一九四七年基地協定が米国に一方的に便宜を提供する不平等な内容となったことは、

その後かえって基地協定の改訂問題が比米両政府間で「永遠」の懸案となり続ける結果をもたらした。基地協定の不平等を改めたいフィリピン政府に対して、既得権を固守したい米軍・米国政府は、フィリピン側世論にも配慮しながら譲歩を最低限にとどめようとしたので、困難な交渉を経て細かな譲歩が重ねられるという交渉パターンが長年にわたり繰り返されることになったからである。

3　冷戦と基地ナショナリズム

一九四七年基地協定の締結後、駐留米軍の兵員規模は縮小され、クラーク空軍基地勤務の将兵数は一九四八年一月の五六五四人から一九四九年六月には三〇二四人まで減少した。しかし、一九四九年一〇月に中華人民共和国が成立して国民党政府が台湾に孤立し、一九五〇年六月に朝鮮戦争が勃発すると、米国はアジアに対する冷戦政策からの関与を深めざるを得ず、クラーク空軍基地の将兵数も回復して、一九五三年六月には七二九九人に達した。[18] この数字が示すように、在フィリピン米軍基地は、このあと少なくともヴェトナム戦争が終結する一九七五年まで、米戦略上不可欠な要のひとつと見なされるようになった。一九五一年八月にはサンフランシスコ講和条約に先立って比米相互防衛条約が調印され、比米両国は名実ともに同盟国となった。

とはいえ、戦前のフィリピンが、潜在的とはいえ米国にとってアジアで唯一の前哨基地であったのとは異なり、戦後の在フィリピン米軍基地は、大規模で有力ではあるかもしれないが「多くのなかのひとつ」に過ぎなかった。だから冷戦時代に入ってからの在フィリピン米軍基地は、米国からみると一種のポートフォリオ的な発想から――すなわち地球規模で展開する（代替可能な）複数の軍事基地のなかで、その利害損得を勘案して――対応を決定してゆく、そういう存在であった。

もちろん米国から見てフィリピンに基地をもつことには利点もあった。英語圏と言い得る、基本的には親米感情が国民を支配する労賃の低い国に広大な基地を維持することは、兵員の休養・娯楽や、補修工場の運用、メイドの手配などに様々の利点があったに違いない。しかし同時に、アメリカ人の多くが苦手とする熱帯湿潤の気候、度重なる政治・経済危機や左翼革命勢力による内戦の脅威など、リスクやコストも大きかった。さらに冷戦期を通じてフィリピン・ナショナリズムが台頭し、基地使用に対してフィリピン政府が事実上の使用料を要求するようになると、基地維持のコストは高くなった。こうしたリスクとコスト要因が、それぞれの時代における米国から見た在フィリピン基地の利便性や軍事戦略上の重要性をどのくらい相殺するかが、基地関係の展開にとって重要な変数となったのである。

（1）基地とフィリピン・ナショナリズム

フィリピンの基地ナショナリズムの直接の引き金となったのは、どの米軍（外国軍）駐留国にも共通する米兵（外国兵）犯罪や事故などだった。しかしフィリピンの場合、これらに旧宗主国としての米国に対する植民地的ナショナリズムが絡み合ったところに大きな特徴があった。

独立革命の弾圧から植民地支配が始まったとはいえ、早くも一九一六年に米国は「安定した政府の確立」という条件を付してフィリピンへの独立付与を約束したことはすでに述べた。この「安定した政府」には、もちろん「親米的であること」が含意されていた。その結果フィリピンの政治エリートは、米国の眼鏡に適う統治の確立をめざすなかで宗主国と対抗するナショナリズムを見失い、あるいはそれを自らの内部に押さえ込んだ。その成果が、皮肉にも、フィリピンに対して決して友好的とは言えなかった米連邦議会の植民地放棄論によって実現した独立付与プログラムであった。第二次世界大戦では、日本の圧制からの解放をフィリピンは宗主国に依存した。日本占領時代に萌芽した、独立革命の伝統やアメリカ・フィリピン戦争の歴史掘り起こしの機運も、戦争直後はタブー視された。対日協力を余儀なくされた政治エリートは、戦後、その協力責任を追及され、さらに特赦されてゆく過程で、いっそう「親米の操」を立てなければならない状況に追い込まれた。

これら種々の事情から窒息しかけていたフィリピンのナショナリズムに、米軍基地の存在は、ある意味で健全な「捌け口」を与えた。しかしそれは必ずしもただちに反基地闘争や反米主義に結びついたわけではなく、基地協定の不平等性を是正し、フィリピンの地位に対する正当な認知を求めるという意味で、反米というよりも対米ナショナリズムであった。戦後フィリピンのナショナリズムを本格的に立ち上げた政治家として知られるクラロ・M・レクト上院議員（一九三五年憲法制定会議議長、日本軍占領下の外相などを歴任）の主張も、米国がフィリピンよりも他国を優先している、あるいは他国とフィリピンを同等に扱っていないことを攻撃する点で、対米ナショナリズムの色が濃かった(19)。

このように一九五〇年代のフィリピン・ナショナリズムは、まだ反米主義が台頭したとまで言い得る状況にはなかったが、基地用地の所有権の帰属、基地敷地内の鉱産資源の帰属、基地使用についての事前協議など、米国の基地政策に対する不満が個別問題をめぐって高まったことはひとつの目覚しい現象であった。とりわけ人々のナショナリズム感情を刺激したのは、米兵犯罪にかかわる裁判権の問題であった。一九五三年に運用が始まったNATO地位協定では、犯罪の起きた場所（基地内・基地外）に関わりなく、加害者が派遣国（米国）の軍人・軍関係者で、①派遣国・同国財産に対する犯罪か、②被害者が派遣国軍人・軍関係者の場合、あるいは③軍務遂行中に行われた犯罪についてのみ、派遣国に「第一次の権利」を認め、他の場合は受入国に「第一次の権利」を認めるとしていた。そして双方が互いの要請に対して「好意的配慮（sympathetic consideration）」を示し、場合によっては権利を放棄して相手国に裁判権を譲ることができることになっていたほか、受入国側の国民・住民については、派遣国の軍人・軍関係者でない限りは派遣国の裁判権は及ばないとしていた。このようにNATOが一九四七年の比米基地協定と比較してはるかに対等な地位協定を結んだことは、対米ナショナリズムを大いに刺激したのである[20]。

一方、米国側も対米ナショナリズムにそれ相応の配慮をしなければならない理由があった。一九五三年一一月の大統領選挙では、中部ルソン地方の内戦（フク反乱）や腐敗・汚職と財政破綻で混乱するフィリピン政治の難局打開の期待を担って、米国政府・軍・CIAが全面的に後援した大衆的人気のある政治家ラモン・マグサイサイ元国防長官が、現職のエルピディオ・キリノ大統領を大差で破って当選した。米国政府は、共産主義に対するアメリカ民主主義の勝利を象徴するマグサイサイ政権を是非とも支援しなければならない立場におかれた。しかし、もともとリベラル党キリノ政権の国防長官だったマグサイサイが出馬母体としたのは野党ナショナリスタ党で、同党の重鎮政治家は、クラロ・レクトおよび対日協力政府で大統領を務めたホセ・ラウレルであり、いずれも一九五〇年代におけるフィリピン・ナショナリズムの再興を担う政治家たちであった。大統領に就任したマグサイサイと彼を支援する米国政府は、これら与党重鎮を敵にまわすわけにはいかなかった。このような条件のもとに基地協定改定交渉が始まったのである。

(2) 基地協定改訂交渉 一九五六—一九六五

一九五六年七月、フィリピン共和国独立一〇周年記念式典のために訪れたリチャード・ニクソン副大統領とマグサイサイ大統領は、基地協定改訂交渉の開始で合意した。米軍は一九四七年基地協定にしたがって不要な用地をフィリピン側に返還する一方で、空軍を中心に基地機能を更新する必要に迫られており、一方、フィリピン側はこの機会を捉えて基地協定の不平等性の是正を求めようとした。同月、フィリピン議会は、①フィリピン国旗の掲揚・基地用地内天然資源のフィリピンへの帰属、②フィリピン側刑事裁判権の基地内適用、③戦時には合同司令部を設置、④戦時の基地使用に議会承認を必要とすべきこと、⑤基地貸与期間を一九四七年基地協定で定めた九九年から二五年に短縮すること、⑥協定廃棄通告の規定を盛り込むこと、⑦基地を人口密集地等から遠ざけること、⑧軍事関係以外はフィリピン法規を基地内にも適用すべきことなどを求める上下両院合決議を採択した。マグサイサイ大統領は議会の要求は過大だとして退けたが、その多くは、その後長年にわたる基地協定改定交渉のテーブルにフィリピン側の要求としてあがることになった。しかし、翌八月からエマニュエル・ペラエス上院議員（一九九一年基地交渉時の駐米大使）とカール・ベンデツェン前陸軍省次官の間で始まった基地協定改訂交渉は、双方の思惑の相違から早々に暗礁に乗り上げ、米国政府側の申し出によって早くも一二月に交渉は中断されてしまった[21]。

一九五七年三月、マグサイサイ大統領は不慮の飛行機事故死を遂げた。後任として副大統領から昇格したカルロス・ガルシア大統領はナショナリスタ党のなかではレクトやラウレルなどよりも格下の政治家だったので、与党重鎮政治家たちの影響力はさらに強まった。そのもとで基地協定改訂交渉が再開され、一九五九年一〇月、チャールズ・ボーレン米大使とフェリクスベルト・セラノ外相の間でボーレン・セラノ協定が調印された。同協定は、①比米相互防衛条約やSEATO以外の目的による基地の作戦使用および長距離ミサイルの持ち込みに関する事前協議制度の設置、②その他の比米合意事項の発効を条件として、基地協定の期限を九九年から二五年に短縮し、両国政府合意を条件に、それよりも早い廃棄も可能とする、③NATOと同様の自動的な攻守同盟的関係を、協定ではなく共同声明として確認するなどで合意した。この合意とは別に、フィリピン側の意向に配慮して、一九五七年五月四日から米軍基地には星条旗と並んでフィリピン国旗が掲揚され始め、スービック基地に隣接するオロンガポ市の警察権もフィリピンに返還された。

他方、司法管轄問題は解決せず、米兵の犯罪が起きる度に、基地協定の不平等性が炙り出されてナショナリズム感情を刺激した。しかも、一九六〇年、日米安全保障条約の改訂に伴って結ばれた日米地位協定は、NATOと逐語的に同一内容の刑事裁判権に関する規定が取り結ばれた。第二次世界大戦の侵略者が、いまやフィリピン以上に司法管轄権で米国に「厚遇」されるに到ったというのは、フィリピンにとっては許しがたい事態であった。

こうした不満をさらに増幅させたのが、一九六四年一一月にクラーク空軍基地で、一二月にスービック海軍基地で相次いで発生したフィリピン人射殺事件であった。いずれも「保安巡回中」の米兵が加害者で、クラーク基地では薬莢《やっきょう》拾いをしていたフィリピン人が、スービック基地では弾薬庫に小船で近づいたフィリピン人が窃盗として射殺された。しかも当初、保安巡回中と説明されていたクラーク基地の事件は、後に加害者は勤務時間外で狩猟中だったことが明らかになった。NATO・日本の地位協定に準じればフィリピン側に第一次の刑事裁判権があるケースである。

事件は反米感情を燃えあがらせた。クラーク基地があるアンヘレス市では基地撤去を求める二〇〇〇人にのぼるデモ行進が行われ、フィリピンにおける反基地ナショナリズムの誕生を告げた。対応を迫られたディオスダード・マカパガル大統領は、サルバドール・マリノ司法長官に調査を命じた。翌六五年一月に発表されたマリノ長官の報告は、一九四七年から六三年までの間にクラーク空軍基地で二八件の殺人事件が起きたこと、このうち七件が米兵によるもの（残りはフィリピン人警備員によるもの）だったが、いずれも訴追されることなく米兵は帰国していることを明らかにした。大統領選挙を一一月に控えた一九六五年八月、ウィリアム・ブレア米大使とマウロ・メネス外相は、一九四七年基地協定を一部改訂する政府間協定（ブレア・メネス協定）に調印、ようやく司法管轄権等についてNATO、日米安保条約とほぼ同等の扱いをすることが取り決められた。[22]

以上のように一九五〇年代から六〇年代半ばにかけて、米国政府は、米軍撤収をちらつかせてフィリピン政府に譲歩を余儀なくさせた一九四七年基地協定の時とは打って変わって、フィリピン側の要求に少しずつ譲歩して基地協定の改訂に応じていった。これは冷戦とりわけヴェトナム戦争によって高まった在フィリピン米軍基地の重要性に鑑みて、もともと極めて米国側に有利だった基地使用条件での譲歩や基地維持のためのコストの上昇をある程度容認してでも、その安定的維持をはかろうとした結果だった。一方、基地問題を起爆剤にしてフィリピンでは、対米にとどまらない反米ナショナリズムが巻き起ころうとしていたのである。

4　マルコス時代の基地問題

一九六五年一一月の大統領選挙で、マカパガルの再選を阻んでマルコス上院議員が大統領に当選した。その後、足かけ二〇年あまりにわたるマルコス政権の時代（一九六五―八六年）は、一九六九年に共和国独立後の大統領として初めての再選（憲法で三選は禁止）を果たしたマルコスが、さらに永久政権化をねらって戒厳令を布告（一九七二年）するまでが前半期である。その後、一九七三年に強権的に憲法を改悪して独裁体制を正当化したマルコスは、戒厳令の解除（一九八一年）後も独裁体制を堅持して政権の世襲王朝化をめざしたが、ベニグノ・アキノ元上院議員暗殺事件（一九八三年）を境に強権体制は溶解し始め、コラソン・アキノとの大統領選挙、フィデル・ラモス参謀総長とポンス・エンリレ国防長官の離反を経て「エドサ（ピープル・パワー）革命[23]」で独裁は打倒された（一九八六年）。

この時代を比米基地関係という観点からみると、当然、在フィリピン米軍基地の前哨基地としての意義を終わらせたヴェトナム戦争の終結（一九七五年）がひとつの境目となる。しかしそれは、ただちに米軍基地の撤収が現実の検討課題にのぼったことを意味しなかった。ヴェトナム戦争後も、在フィリピン米軍基地は、前哨基地から中継・補給基地へとその機能を転換しつつ、依然としてその規模を維持し続けた。基地経済への依存もフィリピン側では無視できない要素となった。

マルコス時代末期の一九八〇年代、約八〇〇〇名の米軍人・軍属と一万人のフィリピン人を雇用していたクラーク空軍基地は、主としてインド洋ディエゴ・ガルシア基地への補給基地としての機能を担い、一三万エーカーにのぼる基地内にあるクロウ峡谷空軍練習場も、米軍にとっては重宝な存在だった。スービック海軍基地もインド洋への中継基地機能を担い、二万六〇〇〇エーカーの水域と三万六〇〇〇エーカーの用地からなる基地には、常時八〇〇〇人から一万人にのぼる米海軍第七艦隊要員が滞在し、二万人のフィリピン人を雇用して、太平洋における艦船補修機能の約六割を、真珠湾、グアム、佐世保、横須賀よりも低廉なコストで提供していた。中継・補給機能を中心とするこれほど大規模な基地は他には求めがたく、基地利用の自由度が高いこともフィリピンの利点であった。一方、ドイツ、日本や韓国と比較すると基地受け入れ国の国軍との連携は希薄で、また一九四七年協定が他国よりも有利な条件での基地使用を可能としていたがゆえに、受け入れ国（フィリピン）のナショナリズムとの摩擦を起こしやすく、基地協定の改訂がたびたび問題になってきた

という点で比米基地関係には不安定な要素がついて回ったのである。(24)

（1）フェルディナンド・マルコスの登場

フェルディナンド・マルコスは、この時代を通じて基地問題を巧みに利用しながら対米関係を操り権力を保持した。そして今日ふり返ると、米軍基地が撤去に向かう後戻りのできない方向へと比米基地関係を転換させたのもまたマルコスだったと言い得る。

それでは、マルコスとはいかなる人物だったのか。一九二五年、ルソン島北西部北イロコス州に生まれた彼は、ひとことで言えば、米国植民地時代以来のフィリピンの議会制民主主義が生み出した不世出の天才であり、のちに悪魔であることが明らかになった人物であった。一九三七年にマルコスはフィリピン大学法学部を卒業、史上最高の成績をおさめて弁護士資格を取得したが、その直後に下院議員だった父マリアノを破って当選した対立候補の暗殺事件で検挙され、最高裁まで争って無罪を勝ち取った。日本軍占領下ではゲリラの英雄（その虚偽は体制末期に暴かれた）となり、戦後初めての選挙で下院議員に出馬・当選した。

フィリピン戦後政治の世界で、それほど名門の出身とは言えなかったマルコスが政党政治の階段を駆け上がっていったのは、権謀術数と利権政治に長けていただけでなく、政治家として同時代の誰よりも正しい夢を力強く語り、その実行力に幻想を抱かせる才能に恵まれていたからだった。彼が語った第一の夢は、フィリピン政治の病弊とされるエリート民主主義ないしは寡頭支配（オリガーキー）の打破そして土地改革をはじめとする社会経済改革であり、第二の夢は、米国一辺倒の政治を排して米国からの自立をめざしアジアを志向するナショナリズムに正当性を与えることであった。もちろんマグサイサイ以来、社会経済改革は全ての政権が掲げる国家目標だったし、一九五〇年代に萌芽したアジアを志向するナショナリズムも、マカパガル政権時代には、親米主義との両立をはかりながら、政府の外交目標となっていた。重要なのはマルコスが、それらの夢を語るだけでなく実現する卓越した「力」を持っていると人々に幻想を抱かせた点にある。その期待から、一九六五年に発足したマルコス政権に馳せ参じた知識人・テクノクラートも少なくなかった。

一方、米国政府のマルコス観は、当初、期待と不安が相半ばしていた。フィリピンを長期的に親米国家として繋ぎとめるために、政治的安定と経済的成長に結びつく社会経済改革を実行できる強力な指導者が必要であり、この点でマルコスは米国政府に期待を抱かせた。しかしこれまでのどの大統領と比較しても、大統領就任以前のマルコスは米国とのラポール（親密な関係）に欠けていて、意思疎通のチャネルが細かった。彼とその支持者のナショナリズム志向も米国政府を警戒させた。ヴェトナム戦争の本格化にともないリンドン・ジョンソン政権は、同盟国の派兵を含む軍事協力を強く求め、マカパガル政権はそれに応えて少数（六八名）の医師・民間人を派遣するとともに、戦争協力拡大のための支出をフィリピン議会に提案したが、マルコス上院議員は、ヴェトナム戦争派兵反対を主張して派遣拡大を阻んでいたのである。

(2) 高まる基地ナショナリズムとマルコス政権 一九六五―一九七二

ところが大統領当選後、マルコスは一転してヴェトナムへの限定的派兵に向けて米国政府と交渉を開始した。派兵は米国のためにではなく、東南アジアにおける自由を守るためというのがマルコスの理屈であった。一九六六年八月、フィリピン議会はヴェトナムへの「フィリピン民間活動グループ」PHILCAGおよび工兵隊・警備隊の派遣を承認した（費用全額を米国政府が負担）[25]。この一件でマルコスは米国政府から絶大な信頼を獲得した。米国政府にとって彼こそはアジアのケネディであり、美しいイメルダ夫人はジャクリーヌであり、米国政府はマグサイサイ以来、初めて心から期待できる友人を得たと感じたのである。九月に訪米したマルコスは国賓として米連邦議会で演説して大喝采を浴び、米政界への本格的デビューを飾った。多様な経済・軍事支援パッケージが約束されるとともに、基地問題についてはナルシソ・ラモス外相とディーン・ラスク国務長官の間でラスク・ラモス協定が調印された。この協定でボーレン・セラノ協定の調印以後も凍結されていた基地供与期間の短縮が発効して、新たな両政府間の合意が無い限り、一九四七年基地協定は一九九一年に失効、翌九二年には米軍が基地を撤収することになった。ただし協定期間の短縮は、当時はまだあまり重要な意味をもつとは考えられておらず、米軍が好条件の在フィリピン基地を撤収するという事態はほとんどあり得ないというのが、比米双方の常識だった。

しかしまもなくヴェトナム戦争の展開は、比米基地関係に深刻な影響を与え始めた。一九六八年一月のテト攻勢後、ジョンソン大統領は「北爆」中止を宣言し、翌年発足したリチャード・ニクソン政権は戦争の「ヴェトナム化」政策を進め、さらに一九六九年七月には「ニクソン・ドクトリン」を発表、アジアへの直接的な軍事介入を今後は控えて地上戦闘部隊を撤収し、共産化の脅威に対しては同盟国が自国の軍隊で責任を担えるようにしたいという米国の立場を明らかにした。一方、一九六五年のインドネシア九・三〇事件によるスハルト政権の樹立によって、東南アジア域内の隣国関係の緊張緩和は劇的に進み、一九六七年に東南アジア諸国連合ASEANが発足すると、国家安全保障の見地から米軍基地が必要だとする根拠は弱まった。このように米軍基地の意義が動揺するなかで、米兵の犯罪は繰り返され、世界的なヴェトナム反戦運動や学生革命の機運も手伝って、米大使館に向けたデモ行動が繰り返された。とりわけ一九六八年八月に起きた米海兵隊員ケネス・スミスによるフィリピン人窃盗レヒリョ・ゴンサレスの射殺事件では、米軍事法廷がスミスを無罪としたあと、フィリピン側の訴追を逃れてスミスが米国へ出国してしまったことから反米感情が燃え上がり、マニラの米大使館への学生の乱入事件も発生した。

このような反米・反基地感情の高まりに対して、一九六九年大統領選挙直前の一〇月、マルコスはカルロス・ロムロ外相に対して、米国との基地協定改訂に向けた交渉の開始を指示した。ロムロは、基地がフィリピンの国防上意義があるかどうか自体を歴代政権としては初めて問題にしたうえで、スペイン、ギリシャなど他の米軍基地提供国との基地協定に含まれていた補償すなわち事実上の基地使用料を求めるべきだという姿勢を、すでに就任前から明らかにしていた。[26] さらに戒厳令布告直前の一九七二年六月、高まる反米感情と政治危機のなかでマルコスは、「これらの基地を創設した本来の目的はもはや存在しないかもしれない。今日問われるべきは、これらの基地が両国の相互防衛のためだけに存在しているのか、それとも基地がアメリカのフィリピンへの関与を永続させ、アジアにおけるアメリカの試みを支えているのかという問題だ」として基地の意義を問い直す姿勢を明確にしたのである[27]。

このように、戒厳令布告に到る時期をふり返ると、マルコスはフィリピン国民に対してはナショナリストを演じる一方、米国に対してはフィリピン・ナショナリズムを手懐けることができる唯一の「猛獣使い」として自らを売り込もうとした、ということができる。そしてこのあと戒厳令布告をはさんで一九八〇年代はじめに到るまで、マルコスは、ナショナリズムのリスクと比米基地関係から得られる報酬を両天秤にかける危険なバランシング・ゲームを巧みに演じてゆくことになる。ナショナリズム志向の大統領として支持され当選したマルコスにとって、対米軍事協力の強化は、高揚する左翼・学生運動や野党から米国の傀儡と批判されるリスクをはらんでいた。実際、戒厳令布告で強権体制を築いたマルコスは、反体制派から「USマルコス独裁体制」と糾弾された。しかし同時にマルコスにとってナショナリズムは、その「猛獣使い」としての自分を米国に高く売るためにも必要な存在であり、その「鍾」が重ければ重いほど、彼が比米基地関係から得られる報酬も大きくなるはずであった。だからマルコスは、学生運動を中心に反基地ナショナリズムがいよいよ燃え盛りはじめた一九六〇年代末以降、それを一概に押さえ込むのではなく、歴代大統領としては初めて大胆に基地の意義を問い直す姿勢を見せることによって、反基地ナショナリズムの封印を上から解いたのだった。

(3) マルコス独裁体制と基地問題 一九七五—一九八三

戒厳令布告以後のマルコス大統領は、もはや世論に押されて基地問題で米国と事を構える必要は無くなったはずであった。しかしマルコスは、ヴェトナム戦争が共産側の勝利に終わった一九七五年、タイミングを見計らうようにして米国に対して基地協定の改訂交渉を求め、一九七六年には本格的な政府間協議が始まった(28)。

この時期に基地問題を持ち出したことについて、米国側の交渉担当者のひとりは、ヴェトナム喪失によって米国にとって日本以南の唯一の軍事拠点となったフィリピンの基地を、米国がますます必要としているという読みから、この機会に基地使用について交渉を突きつけることで、どのくらいの報酬を受け取ることができるかマルコスが様子を見ようとしたのではないかという見方を示している。スペイン、ギリシャ、トルコがすでに米国の基地協定改訂で多額の援助を獲得していたことも、交渉を求めた大きな理由だった(29)。ASEAN結成後・ヴェトナム戦争後に対応した新外交政策の一環という好意的な見方も可能である。東方外交を積極的に進めるマルコスは、一九七五年に早々と中国を訪問して、東アジアの現状維持について合意をとりつけた。東南アジアに対する中国の脅威の低下によって、フィリピンの国家安全保障上、米軍基地が必要だという根拠はさらに弱まった。

一方、戒厳令によって反米・反基地ナショナリズム世論という「錘」をいったん天秤から外してしまったマルコスは、今度は自分自身が「錘」にならなければならなかった。対米交渉で強硬なナショナリストを演じることは、強権体制への国内の支持を調達するためにも必要なことだったし、また米国の妥協を引き出すための交渉術としても有効だった。マルコスは、基地の根本的な性格を「在フィリピン米軍基地」から「フィリピン軍基地の米軍使用」へと転換することを交渉の柱に据え、フィリピン政府は、基地をフィリピンの軍事基地でフィリピン軍司令官が管轄することを明記した基地協定の原案を作成した。[30] フィリピン交渉団は、交渉以外での米国側代表団との私的接触をマルコスから禁じられ、緊張した雰囲気で交渉に臨んだ。[31] しかし交渉は、米国で共和党ジェラルド・フォード政権が一一月の選挙で敗北して、民主党ジミー・カーター政権が発足する情勢のなかで、いったん中断された。

人権外交を提唱するカーター大統領とマルコス政権の間には、当然のことながら緊張が生じた。フィリピン系アメリカ人や米国に亡命したラウル・マングラプス（一九九一年基地交渉時の外相）などの反マルコス派諸グループや国際人権団体は、カーター政権がマルコスに民主化圧力をかける事を強く期待した。ところがカーター政権は、韓国・朴正熙政権の戒厳令体制を厳しく批判して米軍撤退の可能性などをめぐり生じた強い緊張とは対照的に、マルコス政権に対しては極めて融和的だった。一九七七年一〇月にはイメルダ・マルコス夫人がホワイトハウスを訪れてカーターと会談、翌七八年五月にウォルター・モンデール副大統領がフィリピンを訪問したことは、カーター政権がマルコス独裁を容認していることをあらためて印象づけた。マルコスも一定の譲歩を示して、死刑判決を下した政敵ベニグノ・アキノ元上院議員の米国出国に同意（一九八〇年）、一九八一年には戒厳令を形式的には解除することになる。

注目すべきことは、この時期を通じて、比米両政府間では基地協定の改訂をめぐって――少なくともポーズのうえでは――厳しい交渉が行われていたことである。[32] 一九七七年九月、フィリピンを訪問したリチャード・ホルブルック国務次官補とマルコスの合意に基づいて再開された交渉は、フィリピン基地司令官の権限や、比米基地施設の境界線の確定などをめぐって難航した。米国政府側には、現時点において好条件で使用できる基地協定の改訂を急ぐ必要はあまり無かったし、フィリピン政府側としても、比米間の政府懸案事項として基地問題をぶら下げておくことが、カーター政権の人権外交を牽制するうえでも得策だという思惑が働いた。そしてマルコスが、米国に対してナショナリストを独演するかたわらで基地提供の代償として政治的支持と「使用料」を要求し、望みどおりにそれを獲得したことは、カーター政権の対応からも明らかだった。

一九七九年一月、困難な交渉の末、ようやく比米両政府は基地協定改定に合意・調印した。[33] 新協定ではマルコス政権の要求を受け入れて、基地がフィリピン国軍の基地司令官を擁するフィリピン軍基地であることを認め、米軍は「施設司令官（facility commander）」を置くことになり、基地内に比米の施設境界線を設定して一部を共同使用とした。基地内には原則としてフィリピン国旗が掲揚され、星条旗は米軍施設前や建物内に掲揚されることになった。しかし、それらは単なる「国家主権の装い」に過ぎず、フィリピン軍基地司令官は、いわば管理人といった役回りでしかなかった。

さらに同協定の付属交換文書は、一九四七年基地協定に依拠して米軍による基地の軍事作戦上の自由使用（un-hampered military operations）をあらためて保障した。この文書には有事平時の別や事前協議に関する規定が無かったので、一九六五年協定で合意した事前協議制度（実際には運用されなかった）の建前をのりこえて、米軍は両基地を拠点として核の持ち込みを含むいかなる軍事行動も自由に行うことができるのではないかと懸念された。[34] さらに最大の懸案であった基地「使用料」については、基地協定に関連して今後五年間にフィリピン国軍の強化のために五億ドルの軍事援助を供与するための「最善の努力（best effort）」を約束する米大統領の「ベスト・エフォート」書簡が添付された。この約束によって、事実上、フィリピン側に基地使用料を提供する仕組みが用意されたのである。[35]

一九八一年一月、前年の大統領選挙でカーターを破った共和党ロナルド・レーガンの大統領就任に合わせるように、マルコスは戒厳令布告の解除を宣言した。しかし戒厳令の布告後に改悪した一九七三年憲法で、すでに独裁政治の継続は保障されており、一九八一年六月の大統領選挙で「圧倒的」支持を得てマルコスは自らを再選し、イメルダ夫人や息子・娘たちへとマルコス政権の王朝化をめざし始めた。「民主制への復帰」を祝うために、マルコス大統領の就任式にはジョージ・ブッシュ（父）副大統領（当時）が訪れ、マルコスの「民主主義的諸原則・プロセスの堅持」に賛辞を送った。一九八二年九月にマルコスは久しぶりに国賓として米国を訪問した。

このようにレーガン政権がマルコス体制を手放しで信認している状況のなかで、一九七九年協定で合意した五年毎のレビュー（見直し協議）が行われた。協議はスムーズに進み、一九八三年六月、再度、基地協定は改訂された。比米両国は基地に対するフィリピンの主権を再確認するとともに、ふたたびレーガン大統領はその「ベスト・エフォート」書簡で、五年間に九億ドルの援助（うち四億七五〇〇万ドルは経済援助）を約束した。基地使用料の値上げが実現したのである。[36]

しかし、基地協定改訂直後の八月、米国からの帰国を強行したアキノが白昼のマニラ国際空港で国軍の陰謀により暗殺された事件で、マルコス体制の「終わり」が始まった。戒厳令体制以前の自由な言論と民主主義の復活に向けた動きが巻き起こり、強権体制はなし崩し的に溶解しはじめた。そして一九八六年二月、マルコス自身が仕掛けた緊急の大統領選挙にアキノの妻コラソンが反マルコス派統一候補として立候補、全世界のメディアが不正選挙を暴露するなかでマルコス側が再選宣言を強行したことから、事態は一気に緊迫し、青年将校グループ、ラモス参謀総長とエンリレ国防長官の離反を経て、カトリック教会とマニラ市民に包囲されるなかでマルコス体制は瓦解した。そしてこの過程で米国は、在フィリピン米軍基地の存在ゆえに歴代政権がマルコス独裁を支持してきたことが、取り返しがつかないほどにフィリピン市民の不信感を呼んできたことを思い知らされたのである。

5　基地関係の終焉

一九八六年二月、「ピープル・パワー革命」でマルコス政権を打倒して発足したコラソン・アキノ政権は、文字通り反マルコス運動の一点で結集した寄り合い所帯であった。対米関係という点で政権の中枢を支えていたのは、一九五〇年代にマグサイサイ政権の誕生を支えた親米改革派エリートとも呼べる人々であった。ラウル・マングラプス外相、エマニュエル・ペラエス駐米大使はその代表格である。ペラエスはマグサイサイ政権時代の基地交渉にも関わった経験があった。一方、米国との植民地関係を清算するために基地撤去を求めてきたフィリピン・ナショナリズムの論理は、マルコス政権がその二〇年あまりの対米交渉を通じて、基地が現実にはフィリピンの防衛ではなく米国の軍事戦略に資するための存在である（だから使用料を請求する）という論理を構築したがゆえに、きわめて強い政治的正当性を獲得していた。アキノ政権は、そのようなナショナリズムとの協調をも迫られた。

さらに指摘しなければならないのは、アキノ政権六年間の比米関係が、まさに基地そのものを通じて米国政府がフィリピン政治に直接関与したという点で異常な時期でもあったことだ。「ピープル・パワー革命」の終末局面では、米軍ヘリコプターがマルコス一家をクラーク空軍基地へ、さらにはハワイへと移送して、マルコス時代の幕引き役を米軍は演じた。その後アキノ政権は度重なる国軍反乱事件に悩まされたが、反乱がいつも失敗に終わったのは、米軍基地を擁する米国政府が、つねにアキノ政権支持を断固として表明したからだった。とくに最悪のクーデター騒ぎとなった一九八九年一二月の国軍反乱事件では、米軍は沖合に空母エンタープライズを待機させ、アキノ大統領の正式の要請に応じて、ブッシュ大統領はクラーク空軍基地から米戦闘機を発進させ、反乱軍戦闘機の離陸を阻止すること、および離陸した場合には撃墜することを命令し、さらにマニラ上空を旋回して反乱軍を威嚇して、国軍による反乱軍の武力制圧を積極的に支援した[37]。

アキノ政権はまた、左翼ゲリラやイスラム分離主義との内戦に悩まされたが、対反乱戦略についても、米軍・CIAがアキノ政権を積極的に支援した。そしてアキノ政権と左翼ゲリラ新人民軍N

PAの和平交渉失敗後、米軍・CIAは地方の地主・有力者の私兵組織に国軍の一翼を担わせる反共自警団（ビジランテ）の組織化を援助した。NPAのみならず労農運動や人権運動に対するビジランテの白色テロの横行は、アムネスティの厳しい批判を浴びるなど、民主化の担い手を自認するアキノ政権に不名誉なイメージを与えたのである(38)。

(1) なぜ基地関係は終わったのか

このようなアキノ政権の米国政府・米軍への深い依存ぶりからは、基地撤収がにわかに定まっていった政治プロセスを想像することは難しい。しかし現実には、一九八三年の見直しから五年目の一九八八年に始まった見直し協議、そして一九九〇年に始まった基地協定および比米同盟関係の全面的な刷新をめざした比米友好協力安保条約交渉は、基地協定失効までぎりぎりのタイミングとなった一九九一年八月末に両政府間で合意に達して条約が調印されたものの、その直後の九月一六日にフィリピン議会上院は批准を否決して、結局、再交渉も行われずに基地協定は失効、一九九二年一一月に米軍は全面撤収するに到ったのである。なぜ、このようなかたちで基地関係が俄かに終焉したのだろうか。

まず指摘しなければならないのは、在フィリピン米軍基地の戦略的価値の低下である。一九七五年を境に冷戦時代の東南アジアにおける前哨基地としての意義は失われ、中東をにらんだディエゴ・ガルシア米軍基地への中継・補給が中心的な機能となっていたことはすでに述べた。しかし、技術革新に伴う航空機・艦船の航続距離の伸張は、中継・補給基地の必要性を減じさせた。しかも、一九八九年の東欧革命と冷戦の終焉にともない、米ソの軍事的対決の構図が終わり、中東有事の際の米軍配備に際して、地中海方面からの軍派遣の障害が取り除かれたことも重要な意味をもった。米軍基地維持のコストも「相対的」に上昇した。冷戦終結にともなう米国防予算の縮小によって、米国内を含めた基地の縮小再編は避けて通れない懸案となった。そのなかでフィリピンは、「ベスト・エフォート」書簡によって基地の維持費用以外にすでに五年間に九億ドルの「使用料」を払っているだけでなく、米軍事予算からフィリピン人数万人に雇用を与え、基地関係維持のために経済・財政援助にも配慮しなければならない点で、決して安上がりな存在ではなくなっていた。ナショナリズム、内戦、政情不安も基地の維持に対するリスク要因であった。

もちろんこうしたコストやリスクは一九四七年以来のものだったが、長年にわたり基地関係を「人質」にして米国に対して繰り返し様々な贈与を請求してきた歴代フィリピン政府に対して、米国政府の側には苛立ちが強まっていた。CIAの在職経験があり、コーネル大学経済学科長などを歴任して政府に最も近いフィリピン研究者として活躍したフランク・ゴーレイは、ヴェトナム戦争が終結した一九七五年、友人のヘンリー・キッシンジャー国務長官に宛てたメモで、米国の事実上の保護国となっているフィリピンにはそれに足る国益上の意義が無いのであり、「米国は一刻も早くフィリピンから自由になるべきだ」と訴えている。[39] その一方、一九七〇年代に入って革新運動と共に反基地闘争が急速に退潮した日本は、一九七八年からは「思いやり予算」の名のもとに巨額の駐留経費を負担するようになった。日本とフィリピンの間で、米国から見て基地を維持することの

「旨味」には大きな差が生じた。

もちろん、これらのコストやリスクの上昇が、在フィリピン基地の戦略的価値を相殺したがゆえに米国政府が基地撤収を決断したとは言えない。不可欠ではなくなったとしても、フィリピンの基地が「あれば便利な」存在であることには変わりがなかった。とはいえ、基地喪失の場合でもグアムや周辺諸国（日本、シンガポール、オーストラリア）に代替機能を求め得る見通しがあったことを考慮すると、在フィリピン基地の価値の縮小は、失うものが小さいがゆえに基地交渉にハイ・リスクを辞さない態度で臨むことを米国政府に可能にさせた。具体的にはそれは、基地使用料の上積み拒否や使用条件・使用期間についての妥協を拒否する米国政府側の厳しい交渉態度に表れることになった。

一方フィリピン側では、基地維持論は国内政治的にはほとんど正当性を失ってしまっていた。反基地ナショナリズムを利用して、米国に対してナショナリストとして振舞いながら、結果として基地を人質にして米国から独裁体制への支持を取り付けてきたマルコスの醜悪な政治手法に対する不快な記憶は、そのマルコスを打倒して生まれたアキノ政権と、再生して間もないフィリピン共和国議会の政治的選択肢を厳しく制約した。ここに決定的な転機としてのマルコス時代の重要性を読み取ることができる。もう同じことはしてはならない。ところが、自力で民主化を達成したことでフィリピン国民が勝ち取ったはずの誇りは、度重なる国軍反乱を乗り切るためにアキノ政権が米軍の存在に深く依存した事実によって、大きく傷ついてしまった。だからこそ、基地関係を終わらせて脱植民地化を完了させることが、フィリピン・ナショナリズムを満足させる唯一の正当な選択肢となった。米軍基地のない、米国から自立したフィリピンをめざすことは、もはや急進左翼の言説ではなく、フィリピンにおけるあらゆる政治権力の正当性にかかわる原理となった。このことは、フィリピン民主主義の再生の証として一九八七年に国民投票を経て制定された新憲法の、第一八条二五項に次のように表現された。

一九九一年の比米軍事基地協定の失効後、外国の軍事基地・軍隊・軍事施設は、上院の同意と、議会の求めに応じて行われた国民投票の過半数をもって批准され、また相手国によっても承認された条約の定めに拠らない限り、フィリピン国内においてこれを認めない。(40)

この条項によって、新しい基地協定はフィリピン議会上院の同意を得られない限り成立する可能性は無くなった。植民地時代の一九一七年に発足した上院は定数がわずかに二四名で、選出方法に若干の変化はあったが全国区制（任期六年、三年毎に半数を改選）であり、しばしば大統領よりも多くの得票を得て選出される議員たちの政治的権威はきわめて高く、国政への発言力は大きかった。次期大統領候補者たちのプールという側面もある（植民地時代以来歴代一二名の大統領のうち八名が上院議員の経験者）。利権政治と無縁というわけでは決してないが、下院や地方政治家と比較すると、民族主義、国民主義、国益や、あるべき国家像の理念を論じる傾向が強くなる。とりわけ一九八七年憲法の制定後に一斉に選出されたという事情もあり、レクト以来のフィリピン・ナショナリズムの正統を継承するホビト・サロンガ上院議長は、反マルコス運動を通じて基地撤去を強く訴えてきた人物であり、上院では基地撤去論が優勢であることがすでに知られていた。政府間交渉の当事者であるマングラプス外相も、すでに一九六九年には、比米友好維持のためにはむしろ基地を撤去すべきだと「親米派」の立場から主張していた。また米国に事実上亡命して反マルコス運動をした経験から、基地がマルコス独裁を延命させた事実をよく知る人物でもあった。

(2) 比米友好協力安保条約交渉と基地関係の終焉

一九九〇年五月、マングラプス外相と米国政府フィリピン基地問題特使リチャード・アーミテージの間で、基地問題をめぐる初めての協議が行われた。この場でマングラプス外相は、フィリピン政府の立場として、一九九一年九月一六日に失効する基地協定の延長はできないことを通告した。これに対して米側は、基地協定の失効は一九九一年九月一六日以降に通告が可能になるもので、通告後、基地撤去まで一年間がさらに猶予期間として与えられるというのが、ラスク・ラモス協定の合意であると主張した。いずれにせよ、このあと比米両政府は基地協定にかわる新たな比米間の軍事関係や友好協力関係を定義するための条約交渉に入ることになった。

本格的な協議の開始を前にした一九九〇年八月、サロンガ上院議長は自宅にマングラプス外相、フィリピン大学元学長で基地問題政府・議会協議会委員長をつとめる政治学者のホセ・アブエバ、ナショナリスト歴史家・評論家として言論界やアカデミズムで大きな影響力をもつレナト・コンスタンティーノ、スービック海軍基地労組委員長のロベルト・フローレスおよび上院議員一四名を招いて、基地交渉の見通しに関する私的な懇談会を開催した。この集まりでマングラプスはフィリピン政府側の姿勢として、米軍基地はできれば即刻撤去させたいが、基地撤去によって生じる失業者問題を考慮しなければならず、基地撤去後の安全保障も考えなければならないと政府側の基本方針を述べた。また米側の対応についてマングラプスは、何らかの形で基地のフェーズアウト（段階的撤去）に応じる感触を得ていることや、クラーク基地返還に応じる可能性があると説明している。コンスタンティーノは時折鋭い質問をはさみつつ、今後の東南アジアではアメリカは唯一の大国ではないことを考慮するべきだと主張している。懇談会の全体的な雰囲気は、交渉を基地撤去のための交渉と捉えながらも、米側の出方には不透明さを感じていたということができる[41]。

しかし、この時点でフィリピンの人々が基地関係の終焉を本当に予想していたわけではなかった。藤原帰一が指摘するように、左翼勢力も含めて、米国政府がフィリピンの基地を放棄する可能性を予想したフィリピン人はほとんどいなかった。基地交渉での米国側の強硬な態度や米国で囁かれる基地撤去論、そして「求められない限り我々はフィリピンにとどまるつもりはない」というブッシュ大統領の発言は、フィリピンでは傲慢な脅しと受け取られるばかりだった[42]。そこには一九四七年基地協定が結ばれた際に米側の「撤収の脅し」に負けて不利な条件を呑まされた「教訓」が反映していた。いずれにせよ、米側が基地を直ちには絶対に撤収しないという、結果的には間違った判断に基づいたとき——いかなるかたちであれフィリピン・ナショナリズムを決して満足させることができない新基地協定を結ばなければならないのだとすれば——フィリピン政府が取りうる唯一の交渉態度は、できる限りの「好条件」を米側から引き出すことであった。

比米交渉の焦点は、新基地協定の期間と見返り援助すなわち「ベスト・エフォート」の金額であった。基地協定の延長ではなく撤去のために両国は交渉をしているのだというのが基地ナショナリズムを背負ったフィリピン政府交渉団の建前であり、撤去の猶予期間をできるだけ短くすることを主張した[43]。これに対して米国政府は、基地はフィリピン側の求めに応じて設置したのだからフィリピンが求めない以上撤去するという前提に立ったうえで、早急な撤収には無理があるとして、フェーズアウト期間として最低一〇年間、そして更新可能な新基地協定を求めた。一方、「ベスト・エフォート」の金額については、米側は一切、譲歩しなかった（当初提案は年間三億六〇〇〇万ドル）。こうして、比米双方の主張は隔たりを埋められないまま、交渉は行き詰った。一九九一年五月の記者会見でブッシュ大統領は、フィリピンの基地は重要であり、ぜひとも交渉を妥結したいとは思っているが、「ある所からは一線を越えられない」とも明言して、米側の固い姿勢を確認した[44]。

ブッシュ大統領がそう語った直後の一九九一年六月九日、中部ルソン地方のピナツボ山が大噴火した。噴火予報を受けた米軍は、フェーズアウトに一〇年必要だと言っていたのはどこへやら、クラーク空軍基地からわずか四八時間でほぼ完璧に撤収した。インドネシアのクラカタウ火山噴火（一八八三年）以来、百年ぶりの大量の噴煙を吐いて地球環境にも影響を与えたこの大噴火の火山灰と泥流は、山麓のクラーク空軍基地を埋め尽くし、修復にかかる膨大な費用から米国政府は即座にクラーク空軍基地の放棄を決断した。スービック海軍基地の修復にも多額の費用がかかることが予想された。米側にとって在フィリピン基地のコストはさらに上昇し、またクラークが基地のリストから外れたことで、米側の交渉姿勢は更に高飛車なものになった。噴火直前に比米両政府は、新規の基地協定の期間を、七年間プラス撤収のための猶予期間一年で合意に達しかけていたが、噴火によって「交渉の方程式は変わった」として、米側は基地協定の期限を一〇年に延長して「ベスト・エフォート」の提示額も約三分の二に切り下げた。

基地協定の失効を目前に控えた一九九一年八月二七日、比米友好協力安保条約が調印された。新しい基地協定の期限は、米側の主張どおり一〇年で更新可能とされ、「ベスト・エフォート」書簡は一〇年間で二二億ドルの援助を約束した。交渉の最終段階で、ピナツボ火山噴火や米側の強い態度のために、フィリピン政府が腰砕けになったことは明らかだった。アーミテージらさえ、フィリピン側のこれほどの譲歩は予想していなかった。フィリピン政府側の交渉担当者にも、譲歩に強い不満を抱く者が多かった。しかし米側に譲歩した条約案が調印されたことは、それだけ上院の反発を強め、条約批准のハードルが高くなったことも意味していた[45]。

サロンガ上院議長は、条約批准の否決に向けてアキノ政権との対決姿勢を明確にした。政府は国民の大多数は条約を支持していると主張し、九月一〇日、アキノ大統領は条約批准支持の大集会を開いて上院に批准否決を思いとどまるよう圧力をかけた。しかし上院は、九月一一日、一二名の議員が共同提案者となった（それゆえに可決が確実な）「比米友好協力安保条約批准拒否」決議を、公開討論の末、一二対一一で可決して、条約批准を拒否した。このあとフィリピン政府内部では、国民投票によって上院の批准拒否を乗りこえる案や再交渉論などが出て、往生際の悪さを露呈したが、すでに米国政府は、上院審議に先立って、批准否決の場合はスービック海軍基地も放棄するという明確なメッセージを送っていた。そして結局、比米双方からこれ以上のアクションが起こされることはなく、基地協定は失効して、同年一二月にフィリピン政府は正式に基地協定の終了を通告、撤収の猶予期間一年をへた翌一九九二年一一月二四日、スービック海軍基地から最後の米艦船が出港して、米軍は撤収を完了したのだった。

このようにして、比米友好協力安保条約の批准を拒否した一九九一年九月一一日の上院審議は、フィリピンの脱植民地化とナショナリズムの歴史の節目となる出来事となった。このとき上院議員たちは、どのような根拠から批准に対してノーと言い、あるいはイエスと言ったのだろうか。各議員は、比米友好協力安保条約とそこに含まれる基地関係の条項が、フィリピン側にとってきわめて不満足で不平等な内容だという認識では、ほぼ全員が一致していた。意見が分かれたのは、条約内容が不満足で不平等であるから拒否すべきなのか、内容に不満はあっても拒否することのデメリットが大きいので批准すべきかという点であり、またフィリピン・ナショナリズムの大義を優先すべきなのか、基地撤去から生じるデメリットを避けることを優先すべきかという点であった。

批准賛成派の議員は、基地維持がもたらす雇用・援助効果を強調して、条約が「これまで政府が無視してきた民衆が（苦境打開の）『時を稼ぐ』ためにも必要だ（エドガルド・アンガラ）」と主張した。また、批准拒否は基地経済を崩壊させ、現状のフィリピン政府の力では救済できない失業問題をもたらすという見方、米国との歴史的な友好の絆を破壊する懸念が表明され、同条約を基地維持のそれとしてではなく、秩序ある基地撤去条約として批准すべきだと主張した。一方、批准反対派の議員は、同条約の不平等性や違憲性を一様に致命的な欠陥として強調するとともに、長年、続いてきた米国への依存・従属関係を、この際、清算すべきだという、フィリピン・ナショナリズムの大義を、ほぼ一様に強調した。そこに通底するのは、犠牲に対する恐れがこれまでフィリピン・ナショナリズムの貫徹を妨げてきたという、いわばフィリピンのコロニアル・メンタリティに対する自己批判であった。たとえばジョセフ・エストラーダは、そのような意味で「我々には清算しなければならない恥ずべき過去」があり、「我々が条約に反対するのは補償金が少ないからではなく、基地が米国のフィリピン支配継続のシンボルだからだ」と述べた。また、レネ・サギサグは「我々がパニック状態になり分裂している理由が、外国の軍隊が我々を侵略するからではなく、四〇〇年以上を経ていま去ろうとしているためだなどと歴史に嘲笑されないようにしよう」と呼びかけた。サロンガもまた、基地の存在ゆえに米国がマルコス体制を一四年間も支持しなければならなかったこと、良識ある米国民の間にも比米友好には基地を撤去すべきだという議論が実は根強いことなどを強調するとともに、基地撤去がもたらす諸々の不安に対しては、次のように、自己犠牲を恐れずに基地関係の廃止に踏み出そうと呼びかけた。

わが国の歴史において最良の時代は、いつも、運命を我が手に取って、不確かな未来に決心と希望と信仰をもって立ち向かった時だった。それらの時代にこそ、フィリピン人は民族の再生と自負を感じることができた。一八九六年の革命、一九四二年から四五年のフィリピン解放のための戦い、一九八六年二月のエドサ革命に結果した、戒厳令の暗黒時代における自由のための戦い――わが国民の歴史におけるこれらの素晴らしい時をどうして忘れることができるだろうか?(46)

サロンガ議長に代表される批准否決派議員の発言が、ことさらに自己犠牲の精神を強調していることは、裏を返せば、米国との植民地的関係の清算がいよいよやって来たことに対して、フィリピン側には、国民レベルでためらいや動揺が広がっていたことを意味している。それだけに、これら議員の発言には、比米関係の遅れた脱植民地化が、必ずしも米国だけではなくフィリピン人の選択でもあったことに対する自己批判と、これ以上、植民地的関係の清算を遅らせてはいけないという意識があらわれていたとも言えるだろう。米側にも、不健全な関係を清算しようという意識は交渉に一定の影響を与えていたように思われる[47]。ピナツボ山の噴火という、人間には決断できなかった基地の放棄を余儀なくさせた大自然の猛威が、比米双方にある種の精神的な衝撃も与えたことも無視できない。噴煙は首都マニラにも到達して、熱帯の大都市はまるで雪景色のように火山灰に覆われた。一種の悪循環として続いてきた比米間の植民地的関係を終わらせることは神意であるというムードも漂った。上院の批准拒否決議後、フィリピン政府が見せた事態打開に向けた動きが、米国側の積極的支持を得る見通しもなく立ち消えになった背景には、交渉の当事者であった比米両政府関係者自体の間でも、基地関係の維持を絶対不可欠と考えて事態を打開しようという熱意がもはや失われていたことが示されていたのである。

(3)「基地以後」の比米関係

一九九二年の米軍撤収後、ほとんど行き当たりばったりで始まったスービック海軍基地の民生転用は、基地撤去と前後してスタートしたフィデル・ラモス政権時代の好調な経済と堅実な行政運営にも助けられて、意外にスムーズに進んだ。一九九六年一一月、その成果をアピールするようにスービックでAPEC首脳会議が行われた。そのような意味では、基地関係終焉のときに恐れていたほどの自己犠牲を、フィリピンは払わずに済んだとも言える。ラモス政権の六年間、フィリピンは久しぶりの政治的安定を得た。フィリピン政治と国民意識の「脱米」は、「フィリピン民主主義」に対する一定の自己肯定感をもたらした。

しかしその一方で、「基地なき」比米の軍事協力関係は、一九五〇年代の再来を思わせる。二〇〇一年九月一一日事件をきっかけに、米国は行く先の見えない「対テロ戦争」へと突入し、世界中の国々を引きずり込んできた。その中でフィリピンは、日本とともに最も熱心にブッシュ政権への協力を語る国のひとつである。両国間には訪問軍地位協定（Visiting Forces Agreement）が結ばれ、また米軍がディエゴ・ガルシア基地や中東方面への海空の中継基地としてフィリピン軍の基地を一時使用する動きも本格化しつつある。

アフガン戦争以前から、比米両国のメディアは「対テロ戦争の次の戦場はフィリピン」と報じ始めた。南部フィリピンのバシラン島を拠点に欧米人を含む誘拐・人質事件を繰り返すイスラム過激派ゲリラのアブ・サヤフはアルカイダとのつながりが指摘されているグループだが、国軍による掃討作戦は一向に成果が挙がらず人質解放も進まないので、以前から比側には米国の支援に期待する声があった。ミンダナオ・イスラム解放戦線MILFとの内戦も深刻である。しかし、すでに指摘したように現行の一九八七年憲法は外国軍隊・基地の受け入れを原則として禁じている。だから、アブ・サヤフ掃討は、一九九三年以来実施されてきている比米合同軍事演習バリカタン（タガログ語で「肩を寄せあい荷を負う」意）の一環という奇妙な形式で行われた[48]。このやり方も違憲だという批判は強く、二〇〇一年一一月のグロリア・マカパガル・アロヨ大統領の訪米後、米軍派遣の動きが具体化すると、政府部内でもテオピスト・ギンゴナ副大統領兼外相が反対して外相を辞任するなど、比側では久々に対米軍事協力の是非が政治的争点となった。

結局、二〇〇二年一月下旬、フィリピンの国家安全保障会議は受け入れを承認した。この間アロヨ大統領は対テロ戦争論議でブッシュ氏顔負けの強硬な発言を繰り返してきた。政情不安と厳しい経済に苦しむアロヨ政権には、米軍のプレゼンスを政権安定の担保にしようという思惑がある。国民の反応もおおむね肯定的で、有力な世論調査機関ＳＷＳによれば、四月の調査で米軍受け入れは七六パーセントもの支持を得た。国民の間に国軍や政府の問題解決能力に対する絶望感から米軍派遣を歓迎する空気があるのは事実である[49]。

このような比米関係の現状は、基地がなくなったあとも、冷戦時代と同様に、内戦や国内政情不安への解決能力を欠いたフィリピン政府を米国が支援している構図が続いていることを示している。伊藤裕子は、対テロ戦争という新しい戦争が、比米間では伝統的な「特別な関係」に回帰する可能性が生まれていると指摘する[50]。二〇〇三年五月、アロヨ大統領は国賓として訪米、ブッシュ政権はフィリピンを「主要同盟国」と呼び、一九九二年の基地撤収以来、最大規模の軍事援助を約束した。しかも基地がなくなったために、フィリピン・ナショナリズムの反発も以前と比較すれば小さい。皮肉な言い方をすれば、反基地ナショナリズムこそが、フィリピンの米国に対する眼を研ぎ澄まさせていたとさえ言えるかもしれない。

おわりに

以上きわめて大まかにではあるが、比米間のほぼ一世紀にわたる基地関係史をふり返ってみた。それではなぜ、フィリピンの基地撤去は必然であり、可能であったのか。本章から明らかなことは、フィリピンや在フィリピン基地が、米国にとって死活の利益（生命線）と見なされたことは、結局のところ一度もなかったということである。フィリピンは米国から見れば「失うことができる」植民地であり、同盟国だった。日米戦争の結果、フィリピンは悲惨な戦場となったが、フィリピンは決して日米戦争の原因ではなかった。戦後のフィリピンは、グローバルに軍事展開する米軍の「ポートフォリオ」に組み込まれた基地のひとつに過ぎず、冷戦終結後は、「あれば便利な」程度の存在でしかなかった。

もちろん米国はフィリピンを多様な意味での基地として利用するにあたって無視できないコストを負担してきた。そのコストに苛立つアメリカ人も少なくなかった。しかし大局から見れば米国はフィリピンにおいて米国の国益を決定的に損なうような失敗は一度もおかすことなく、外交上の武器として、戦場として、前哨基地として、中継・補給基地として、そしてアメリカ民主主義のショーウィンドーとしてフィリピンを利用してきた。植民地関係のコストは米国にとって、結局のところ小さなものだった。

米国にとってはフィリピンの価値も、フィリピンを維持するためのコストも、それほど大きなものではなかった――このことは、植民地化された側から見れば、深い屈辱感なしには呑み込めない事実である。だからこそ、藤原が残酷だが正確に描写したように、一九九一年基地交渉は、フィリピン・ナショナリズムを「もっとも絶望的な地点で刺激」したのだった。[51]

しかしこの残酷な物語には、「明るい」面も探せないわけではない。「基地以後」の比米関係は、フィリピンの反米機運の根本原因が除去されたことによって確実に好転した。評価されるべきことかどうかは別として、基地のない同盟関係はむしろ順調である。もうひとつの、あまり指摘されないが明るい面として、比米基地関係が軍事同盟として実体化することがなかったことも指摘しておきたい。考えてみればマルコス時代に実現した米軍基地の「フィリピン化」によって、フィリピンは東南アジアで最も巨大な軍事施設を潜在的には手に入れた。しかし、基地の返還後フィリピンに残されたのは、東南アジアで最も貧弱な空軍と海軍であった。南沙群島（スプラットレー諸島）の領有権問題を抱えているにも関わらず、現状では隣国と紛争を起こす能力が無いがゆえに、フィリピンは隣国と軍事紛争を起こす懸念がない。

基地問題が終わってしまったフィリピンに引き換え、沖縄の基地問題に答えを出すことができない日本は、いかにも自縄自縛に陥って身動きのとれない存在である。日本は何を恐れているのか、という主張が表れるのは当然だろう。しかし本章が検討してきた基地をめぐる比米関係史は、日米関係と比米関係がいかに違うかという現実を教えてくれる。日本そして沖縄の基地は、米国による基地放棄という選択肢がまだ見えない。日米軍事同盟のなかで日本の対外的な軍事能力が確実に高められてきたことは、周辺諸国が最も警戒するところである。その現実は、日本に希望を与えるよりは、むしろ困難を教えている。そのような意味において、基地問題をめぐる比米関係は、日本人にとって希望の「鏡」というよりは、憂鬱な自画像を映し出すための「鏡」なのかもしれない。

[注]

（1）米比植民地関係史・独立問題史の全体像については下記の拙著を参照。『フィリピン独立問題史』（龍渓書舎、一九九七年）。

（2）アルフレッド・T・マハン著・麻田貞雄訳『アルフレッド・T・マハン（アメリカ古典文庫8）』（研究社出版、一九七七年）。

（3）フローティングドック船デューイ号の画像は下記で見ることができる。
http://www.history.navy.mil/photos/images/i00000/i00004.jpg

（4）Brian McAllister Linn, *Guardians of Empire: The U.S. Army and the Pacific, 1902–1940*. Chapel Hill: University of North Carolina Press, 1999, pp. 82-87.

（5）*Ibid.*, pp. 173-174.

（6）Howard K. Beale, *Theodore Roosevelt and the Rise of America to World Power*. Baltimore: The Johns Hopkins University Press Paperbacks edition, 1984 (c1956), p. 456.

（7）The Philippine Independence Act (Tydings-McDuffie Act) of 1934, Section 11 & 12.

（8）前掲拙著、第四章。

(9) 吉川洋子『日比賠償外交交渉の研究』（勁草書房、一九九一年）、三八六〜三八七頁。
(10) 一九四七年基地協定に関しては下記の先行研究を参照。伊藤裕子「フィリピンの軍事戦略的重要性の変化と一九四七年米比軍事基地協定の成立過程」『国際政治』一一七（一九九八年三月）、二〇九〜二二四頁。William E. Berry, *U.S. Bases in the Philippines: the Evolution of the Special Relationship*. Boulder: Westview Press, 1989, pp. 47–68.
(11) 前掲拙著、第七章。
(12) *Foreign Relations of the United States 1945*, Volume IV. pp. 1208–9.
(13) 伊藤裕子前掲論文、二二三頁。
(14) Manuel Roxas to Joaquin Elizalde, October 30, 1946. Box 5, Manuel Roxas Papers, Philippine National Library.
(15) *FRUS 1946*, Volume VIII, pp. 934–935.
(16) *Ibid.*, pp. 940–941.
(17) *Ibid.*, pp. 939–940.
(18) Berry, *op. cit.*, pp. 71, 79.
(19) Claro M. Recto, "The Atlantic Pact and the Pacific Pact," *The Recto Valedictory and the Recto Day Program 1985*, Manila: Claro M. Recto Memorial Foundation, 1985.
(20) Berry, *op. cit.*, pp. 57–65.
(21) *Ibid.*, pp. 88–97. *New York Times*, July 19, 1956, p. 12.
(22) *Ibid.*, pp. 103–110.
(23) マルコス政権を打倒したマニラ首都圏市民の直接行動が、エドサ大通り（*Epifanio de Los Santos Avenue: EDSA*）を市民が埋め尽くすことであったことからフィリピンではエドサ革命という呼び方が一般的である。ピープル・パワー（革命）とも呼ばれる。

(24) Philip E. Barringer, "The Strategic Importance of the Philippines," John W. McDonald, Jr., and Diane B. Bendahmane, eds., *U.S. Bases Overseas: Negotiations with Spain, Greece, and the Philippines*. Boulder: Westview Press, 1990, pp. 117-118.

(25) フィリピンのヴェトナム戦争派兵問題については下記を参照。Robert M. Blackburn, *Mercenaries and Lyndon Johnson's "More Flags": The Hiring of Korean, Filipino and Thai Soldiers in the Vietnam War*. Jefferson, N.C.: McFarland & Company, 1994.

(26) *New York Times*, January 6, 1969, p. 1; October 13, 1969, p. 15.

(27) Berry, *op. cit.*, p. 147. *Philippine Free Press*, June 24, 1972, p. 14.

(28) マルコス戒厳令時代の基地交渉については以下を参照。McDonald and Bendahmante, *op. cit.*; Patricia Ann Paez, *The Bases Factor: Realpolitik of RP-US Relations*. Manila: Dispatch Press, 1985; Roland G. Simbulan, *The Bases of Our Insecurity*. Manila: BALAI Felloship, 1986; Berry, *op. cit.*, pp. 131-305.

(29) Patrick M. Norton, "Preliminary Negotiations for the 1979 Agreement," McDonald and Bendahmante, *op. cit.*, p. 77.

(30) "Philippine Draft 1976," in Paez, *op. cit.*, pp. 402-417.

(31) Barringer, *op. cit.*, p. 120.

(32) 一九七九年基地協定に到る比米交渉については下記を参照。Berry, *op. cit.*, pp. 190-228; David Newsom, "The State Department Perspective on the 1977-1979 Negotiations," Mcdonald and Bendahmane, *op. cit.*, pp. 88-92.

(33) "Arrangements Regarding Delineation of United States Facilities at Clark Air Base and Subic Naval Base; Powers and Responsibilities of the Philippine Base Commanders and Related Powers and

Responsibilities of the United States Facility Commanders; and the Tabones Training Complexes," January 7, 1979, in Paez, *op. cit.*, pp. 426–440.

（34） "Exchange of Notes Amending the Philippine-US Military Bases Agreement of 1947," January 7, 1979, in *Ibid.*, pp. 422–424.

（35） Jimmy Carter to Ferdinand E. Marcos, January 4, 1979, in *Ibid.*, p. 421.

（36） *Ibid.*, p. 452.

（37） クーデター制圧支援についてのブッシュ大統領の連邦議会への書簡は下記を参照。George Bush, "Letter to the Speaker of the House of Representatives and the President Pro Tempore of the Senate on United States Military Assistance to the Philippines," December 2, 1989. George Bush Presidential Library and Museum [http://bushlibrary.tamu.edu/papers/1989/89120201.html].

（38） David Wurfel, *Filipino Politics: Development and Decay*. Ithaca: Cornell Univ. Press, 1988, p. 316.

（39） コーネル大学所蔵フランク・ゴーレイ文書から [Frank Golay to Philip Habib, "Draft Paper," June 2, 1975. Frank Golay Papers, Cornell University Library].

（40） The 1987 Constitution of the Republic of the Philippines, Article XVIII, Section 25.

（41） 比米基地協定交渉へのフィリピン議会上院の対応については、サロンガ上院議長の以下の回顧録が最も詳しい。Jovito R. Salonga, *The Senate That Said No: A Four-Year Record of the First Post-EDSA Senate*. Quezon City: University of the Philippines Press, 1995.

（42） 藤原帰一「冷戦の二日酔い――在比米軍基地とフィリピン・ナショナリズム」『アジア研究』三九巻二号、六七〜八三頁。

（43） フィリピン政府交渉団の立場からの回顧録・資料集として下記を参照。Alfredo R.A. Bengzon with Raul. A. Rodrigo, *Matter of Honor: The Story of the 1990–91 RP-US Base Talks*. Pasig City: Anvil Pub., 1997;

Maria Castro-Guevara, ed. *The Base Talks Reader: Key Documents of the 1990–91 Philippine-American Cooperation Talks.* Pasig City: Anvil Pub., 1997.

（44） "Exchange With Reporters Aboard Air Force One." May 4, 1991. George Bush Presidential Library and Museum [http://bushlibrary.tamu.edu/papers/1991/91050400.html].

（45） Salonga, *op. cit.*, pp. 212-213.

（46） *Ibid.*, op. cit., pp. 227-279; Senate of the Philippines, *The Bases of Their Decisions: How the Senators Voted on the Treaty of Friendship, Cooperation and Security Between the Government of the Republic of the Philippines and the Government of the United States of America.* Manila: Senate of the Philippines, 1991.

（47） 米国の基地撤去論の一例としてリバタリアン系の米シンクタンクとして知られるケイトー研究所の下記の論考を参照。Ted Galen Carpenter, "The U.S. Military Presence in the Philippines: Expensive and Unnecessary," CATO Institute Foreign Policy Briefing No. 12, July 29, 1991. 〈http://www.cato.org/pubs/fpbriefs/fpb-012.html〉.

（48） フィリピン外務省の軍訪問協定（Visiting Forces Agreement）・合同軍事演習バリカタン関連サイトとして下記を参照〈http://www.dfa.gov.ph/vfa/Index.htm〉。

（49） Nicholas Berry, "U.S.-Philippine Military Ties Get Tighter," Center for Defense Information: Asia Forum Featured Article, Dec. 20, 2001. 〈http://www.cdi.org/asia/fa122001.cfm〉

（50） 伊藤裕子「『新しい戦争』と『伝統的』米比軍事関係」『亜細亜大学国際関係紀要』一二巻一号（二〇〇二年八月）、一一七頁。

（51） 藤原前掲論文、七一～七二頁。

5

「ポスト冷戦」戦略から「デモクラシーのグローバリズム」への展開
――アメリカの一極覇権と国益第一主義

島川雅史
Shimakawa Masashi

1　湾岸戦争――「冷戦」の終結と「ポスト冷戦」の始まり

(1)　湾岸戦争

(i)　「冷戦」の終結と湾岸戦争の構図

「東西冷戦」は、一方の盟主であるソ連の経済的衰退という形で「終結」した。勝ち残りの形になったアメリカも、同じく軍事費の重圧に耐えかねていた。冷戦期の軍事対決のひとつのピークをつくる「レーガン軍拡」の時代を経て、財政赤字と貿易赤字という「双子の赤字」が累積していた。

パックス・アメリカーナの実現が可能に見えたその時に、アメリカは軍事費の削減に向かわざるを得ず、軍事超大国の座は維持したものの、単独で大規模・長期の軍事行動はできない状態となっていた。

「冷戦期」から「冷戦後」への転換点で戦われた湾岸戦争は、アメリカの主導の下に、イギリスとフランスが軍事力を分担し、日本・ドイツと湾岸王族国家が戦費を負担するという「連合国」体制で行なわれた。第二次大戦後に生起した朝鮮戦争・ベトナム戦争・湾岸戦争という三回の大規模戦争は、それぞれに五〇万人を超える大軍を遠征させたアメリカを中心として同盟国が加わる「連合軍」体制で行なわれたものであるが、湾岸戦争の場合には、湾岸諸国による便宜提供や戦費拠出、また日本とドイツによる戦費分担の役割が大きかったことが特徴になっている。財政面を同盟国が負担することによって、米軍は強大な攻撃力を発揮することが可能になったわけである(1)。

日本は金銭しか出さなかったと国際的な批判を浴びた、という意識が現在も政界やマスコミなどに根強く存在する。しかし、日本の総計一三五億ドル(為替差損として追加した五億ドルを含む)という巨額の拠出は、湾岸戦争という企図を実現させたという意味では、フリゲート艦一隻・タンカー一隻というような名目的参加国も多かった中での貢献度は高く、戦後には大統領をはじめアメリカ政府・軍部は声をそろえて「連合国」の一員としての日本の「実質的な貢献」を讃えている。ベーカー元国務長官が記しているように、「資金を賄うためには、少なくとも日本や西ドイツなどの経済大国を関与させることがぜひとも必要だった」からである。日本にとっても、戦費負担という行為は、朝鮮戦争以来の米軍基地の提供という恒常的な支援に加えて、日米軍事同盟の強化に新しい一歩を踏み出すものであった[2]。

湾岸戦争の戦費算定については、アメリカ政府の『最終報告書』では、米国の総経費は六一〇億ドルで、うち八九％にあたる五四〇億ドルが「連合国」からの資金拠出によってまかなわれたとされている。しかし、当時にもこれは過大な算定であると疑問視する意見があった。実は、米政府自体が、収支が「黒字」になったことを認めているのである。表1は、国防総省が毎年作成している『共同防衛に対する同盟国の貢献報告書』という報告書に掲出されている、米国の国防支出の推移を表わすグラフである。漸減傾向の中で一九九一年の支出のみが谷を描くように急減し、九二年からは増加して軍事費漸減のカーヴに戻っている。九一年については欄外に注記があり、「砂漠の楯/砂漠の嵐作戦のための同盟国による多額の貢献」による一時的なものであると説明されている。「同盟国」による軍資金拠出は、湾岸戦争という企図を実現しただけではなく、アメリカの財政改善にさえ貢献したわけであった。

表1　国防支出（2000年ドル価値換算）

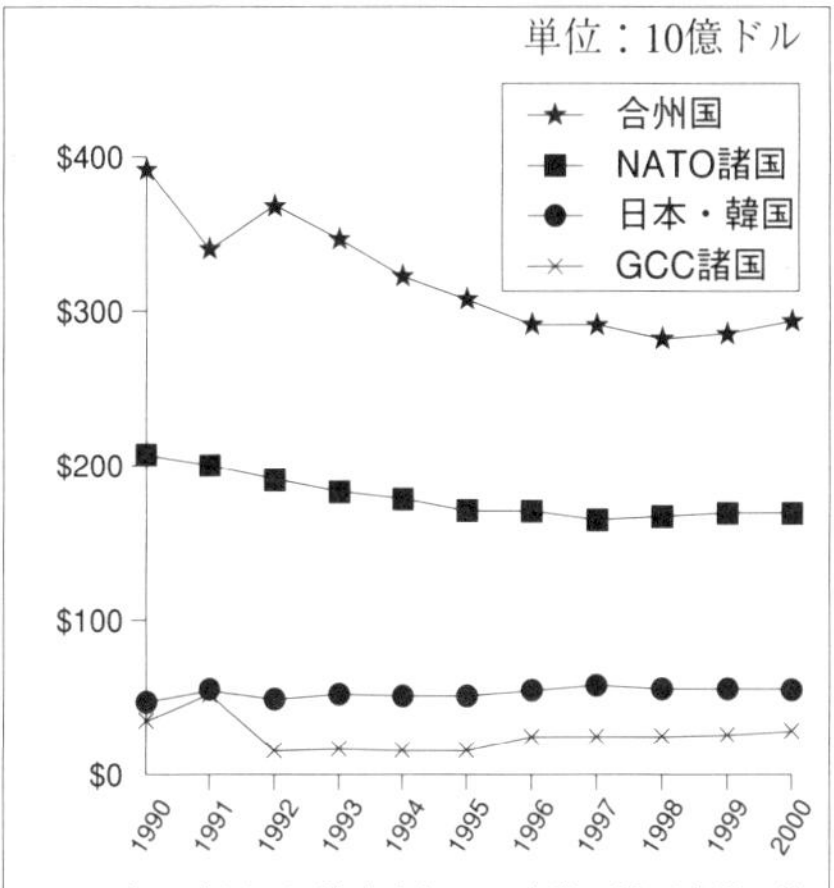

＊1991年の米国の国防支出額は、砂漠の楯／砂漠の嵐作戦のための同盟国による多額な資金貢献によって一時的に低下したものである。

出典・*Report on Allied Contributions to the Common Defense: A Report to the United States Congress by the Secretary of Defense,* Department of Defense, 2001, Chart III-2, <http://www.defenselink.mil/pubs/allied_contrib2001/allied2001.pdf>.

(ii) ブッシュ政権と戦争目的──石油のための戦争

ジョージ・W・H・ブッシュ大統領は、イラクのクウェート侵攻直後の一九九〇年八月二日の記者会見で、「湾岸における我が積年の、死活的に重要な利益を守る」手段を検討中であると述べている。記者の最初の質問は介入を考えているかというものであったが、大統領は「介入を議論してはいない」と言い、「いかなる軍事オプション」をも議することはないだろうし、軍事行動は予定していないと述べている。別の記者の、派兵は考えていないということか、という確認に対しても、重ねて否定している。イラク軍は、米国政府が軍事的対応を考慮しないと表明しているうちに、三日間でクウェート全土を制圧した。五日になって、ブッシュ大統領は、軍部首脳とも協議をしていると言明して、前言を翻している。そして、七日には「砂漠の楯作戦」が発動されて、空軍戦闘機隊が中東へ向けて発進した。八日に、大統領は陸軍・空軍の「有力部隊」がサウジ・アラビアに到着しつつあると発表し、派兵目的は「サウジ・アラビア王国とペルシャ湾岸の友好国」の防衛であると述べた。そして、湾岸危機における「我われの政策を導く明快な原理」として、次の四点を挙げている。[3]

① イラク軍のクウェートからの即時・無条件・完全撤退を追求する。
② クウェートの合法政権は復帰して現状回復をすべきである。
③ ローズベルト大統領からレーガン大統領にいたるすべての政権がそうしたように、私の政権もペルシャ湾岸の安全と安定に対してコミットする。

④　在外アメリカ人の生命を守る決意をした。

この四点は、不思議な「原理」である。なぜなら、この四点が政策目的であるのならば、手段としてのサウジ・アラビア防衛のための派兵に帰結することではないからである。①②の点は、イラクが要求を受け入れない場合は、米軍が隣国に駐屯しているだけでは達成されない。「死活的に重要な利益を守る」ことの言い替えである、③も実現されない。④も、米軍が駐留する国に限られるわけであり、大使館員などクウェート残留アメリカ人には及ばない。論理的帰結は、軍事力を用いて「原理」の実現を強制するということになろう。事実、その後の流れは外交の不成功を理由とするイラク攻撃作戦に向かう。湾岸戦争は、五カ月という長期にわたる「砂漠の楯作戦」によって大軍を集結し終わった、連合軍の航空攻撃によって火蓋が切られることになる。この八月八日の派兵声明に、すでにアメリカ政府の真意は現われていたと言うべきであろう。

後に秘密解禁された文書によれば、ブッシュ政権の姿勢はより明確になる。八月二〇日に決定された、「イラクのクウェート侵攻に対応する米国の政策」と題する国家安全保障会議（NSC）文書『国家安全保障指令四五号（NSD—45）』では、冒頭に「米国の国益」という項目が掲げられて、「ペルシャ湾における米国の国益」とは、「石油に対するアクセスと当該地域の中核的友好諸国の安全保障と安定」であると、明快に述べられている。そして、「この危機が続く間」に米国が取る政策原理として、八月八日声明の四点がくりかえされている。また、翌年一月の開戦直前に決定された「湾岸におけるイラクの侵略に対する対応」（『NSD—54』）でも、冒頭に次のように述べ

られている。(4)

「ペルシャ湾の石油へのアクセスと当地域の中核的友好諸国の安全保障は、米国の国家安全保障にとって死活的に重要である。一九八九年一〇月二日のNSD―26、一九九〇年八月二〇日のNSD―45に添い、ならびに長期間にわたり確立している政策として、合州国は、我われ自身の利益に反する利害を持ついかなる勢力に対しても、もし必要であれば軍事力を行使しても、当地域における死活的に重要な利益を護ることにコミットを続ける」。

『NSD―54』は、親米産油国クウェートを占領したイラクは、「明らかに我われ自身の利益に反する利害を持つ勢力」であると断定している。また、「当地域の中核的友好諸国」とは、湾岸の親米産油国を意味し、石油利権の擁護と同義である。ブッシュ大統領は、公開の演説では軍事侵略を排除する「正義の戦争」という意味づけを前面に出し国益擁護を添えることが多かったが、機密書類であるNSC文書においては、石油利権の擁護が米国の戦争目的であることが端的に示されていた。ここで言及されている『NSD―26』とは、湾岸危機発生の一〇カ月前に策定された「ペルシャ湾についての米国の政策」と題する文書である。『NSD―26』の冒頭部分も『NSD―54』とほぼ同文であるが、「いかなる勢力に対しても」という箇所が「ソヴィエト連邦もしくは他の地域勢力に対して」になっている。つまり、中東の石油利権をめぐっては、ソ連との軍事的直接対決も辞さないという決意を示しているわけであり、ペルシャ湾岸の石油資源はまさに「死活的に重要な利益」なのであった。一九八〇年一月にカーター大統領は、「湾岸地域を支配しようとする外部勢力」があれば、米国は国益を護るために「軍事力を含むあらゆる手段」を行使して撃退すると宣言している。この「カーター・ドクトリン」に基づいて創立された「緊急展開軍」は、後に戦域統合軍としての中央方面軍に昇格する。カーター政権が「死活的に重要な石油産出地域」の権益を護るために構想した「ヨーロッパと東アジア」の同盟国を総動員する態勢は、一〇年を経てブッシュ政権によって実現されることになった。(5)

(iii) グラスピー大使発言とケリー次官補発言

イラクとクウェートの間には国境や債務をめぐる紛争があり、対立は激化していた。米国はイラク軍の動静を把握しており、七月二七日にはクウェート政府に対して警告を発している。中央方面軍は、軍事介入に備えてイラク全土を対象に攻撃目標リストの作成を急いでいた。アメリカは、侵攻が係争地である国境油田地帯などの保障占領に留まるのか、全土制圧を目指すのか、イラクの意図については判定に迷っていた模様であるが、侵攻自体は予期していたことであった。しかし、米政府はイラクと対戦するつもりはないという意志表示を続けていた。侵攻のほぼ一週間前の七月二五日に、フセイン大統領はグラスピー米大使と会談している。後にイラクからリークされた発言記録によれば、フセイン大統領はイラク側の主張を述べ、米大使は、イラクと友好関係を保つのが米国の基本方針であり、クウェートとの国境紛争のような「アラブ同士の」問題には関与しないと述べている。三一日には、ケリー国務次官補が議会証言で国境紛争には介入しないと述べ、イラクが侵攻した場合クウェート防衛のために介入する条約上の義務はないと考えてよいかという質問に対して、その通り、と答えている。この質疑はBBCのアラビア語放送で海外中継されていた。侵攻直後にも、前述のように、米大統領は軍事介入は考慮しないと明言した。事実は、この発言の後で緊急会議が行なわれ、中央軍司令官が可能な軍事行動を説明している。そして、イラク軍によるクウェート全土占領という状況が生まれてから、突如として大軍の遠征が発表されることになった。(6)

(2)「ポスト冷戦」戦略

(i) 敵を求めて

「冷戦期」には、軍備は対ソ戦争の必要から正当化された。冷戦の終結とソ連の解体は、米軍＝米国政府自体を震撼させる大きな衝撃であった。所要兵力の算定根拠とされていた主敵の自滅と共に、軍備の質量の根拠も消滅した。世界を区画して戦域司令部を置き、即応戦力を前進配備して共産圏を封じ込めるという戦略態勢も無効となった。「平和の配当」を要求する当然の声の前に、米軍自体が存在理由を問われていた。政府は既定の軍事費漸減路線の上で、第三次世界大戦対応戦略から地域紛争戦略へと論理の転換をはかる。

軍事戦略・軍備構想は「敵」がいなければ成立し得ない。準備すべき兵力の質量は、仮想敵の存在があってはじめて、これに勝利し得る備えとして質量の算定が可能となるからである。ソ連の脅威にかわってアメリカが構想したのは、地域紛争＝「ならず者国家」の近隣諸国に対する侵略という脅威であった。イラク・イラン・リビア・シリア・北朝鮮などを「ならず者国家」として指定し、これに備えるということが名分となった。しかし、「ならず者国家」の無法行動の制御というなら、それは本来的には国連の警察活動として対処されるべき問題であって、アメリカが単独で「世界の警察官」として振る舞うことはアメリカの納税者に対しても説得力に欠け、またソ連封じ込めのためとして全世界に配備された前進展開米軍を維持する理由としても薄弱なものであった。

ここで、アメリカ政府が強調したのは、世界平和一般のためではなく「アメリカの国益」を擁護するために、軍事力が必要であるという論理であった。「世界規模の利害を有する地球規模の国家」(第一次『四年毎国防レビュー(QDR)』)であるアメリカは、いわばアメリカ自身の国益・権益を護るための「世界に対する警察官」として行動する、そのためには強大な軍備とその世界展開を維持することが必要である、という主張である。さらに、ソ連にかわる軍事大国として、中国の「潜在的脅威」が想定されている。湾岸戦争時に統合参謀本部副議長であったジェレマイア海軍大将は、冷戦の終結にともなってアメリカは軍事力を縮小することになるが、削減の対象となるのは対ソ戦用の軍備であり、維持される兵力で「多くの重要な安全保障上の任務を完遂し続けることができる」と述べている[7]。

地域紛争対応という「ポスト冷戦戦略」への移行に最大の貢献を為し、米軍の存立の危機を救ったのはイラクであったということになろう。湾岸戦争は、「世界に対する警察官」としての米軍の必要性・効用を実証してみせる機会となった。戦後も米軍はイラクへの攻撃を続けており、軍産学複合体が存立を維持する大きな根拠となった。

(ii) 「ポスト冷戦」の軍備構想

財政赤字と貿易赤字という「双子の赤字」を背負った米国政府にとって、湾岸戦争以前から、軍事費の削減は既定路線となっていた。戦勝直後には記録的な支持率を誇ったブッシュ大統領も、再選を目指した選挙では経済失政を指摘されて民主党のクリントン候補に敗北する。クリントン政権の成立後に発表された一九九三年の『ボトム・アップ・レヴュー』と、その四年毎の見直しの第一回目である九七年の第一次『四年毎国防レビュー(QDR)』が、冷戦後の新戦略を確立したものであるとされる。『ボトム・アップ・レヴュー』という名前は、それぞれの戦域や分野において必要な軍備の質量を根本的に見直して積算したもの、という意味で付けられている。しかしその実は、軍事費削減という至上命題から後方部門や戦略核分野を重点に量的縮減を意図したものであった。一九八九年から九九年の間に、国防費は三一%、兵員数は三三%、基地は一〇%が削減されているが、軍種や装備等に根本的な変化はなく、新戦略と呼べるほどの画期的内容は含まれていない。規模の縮小を補うものとして、機動性の強化と同盟国の役割分担が強調されている。(8)

前述のジェレマイア統合参謀本部副議長の説明に従えば、削減分に当たる約三割の国防費と兵員数が対ソ戦争用の配分であったということになる。そうであるなら、冷戦期の場合でも、アメリカの軍事力の根幹は国益保護のための地域介入用の戦力であったということになろう。地球を区画して担当する戦域方面軍を置き即応戦力を前進配備するという体制は変更されず、意味づけだけが取り替えられたわけであるが、この「七割」こそが、冷戦期にも冷戦後にも通貫する米軍の真の存在理由を表現しているわけである。
　ポスト冷戦の新戦略とは、つまるところ、規模縮小の代償として、機動的攻撃戦力を地球規模で柔軟に運用し、同盟国の軍事力を育成して不足分を補うということである。前進展開体制は、国益擁護のための即応態勢として、冷戦期にも増して重要な位置づけを与えられている。ソ連の脅威が消滅した在欧米軍は三分の一程度に縮小されているが、アジア太平洋戦域の場合は、冷戦期から九〇年代を通して兵員数に大きな変化はない。冷戦期にヨーロッパ配備の兵員数が多かったのは、ワルシャワ条約機構軍との対戦の主力が陸軍部隊であったためであり、海（海兵）・空軍を中心とする機動戦力である東アジア戦域の前進展開軍の場合は、もともと戦闘力に比して要員は少なかった。ソ連の脅威が消滅したにもかかわらず、アジアでは冷戦期と同規模の軍事力が維持されているわけである。（表2）
　また、実際に第二次大戦後に勃発した大規模戦争は、朝鮮戦争・ヴェトナム戦争・湾岸戦争と、みなアジア地域で起こった「地域紛争」であった。「ポスト冷戦」期においても、四次にわたる『東アジア戦略報告』が強調するように、アメリカにとってのアジアの重要

表2　海外駐留米軍兵力の推移　1987-97年

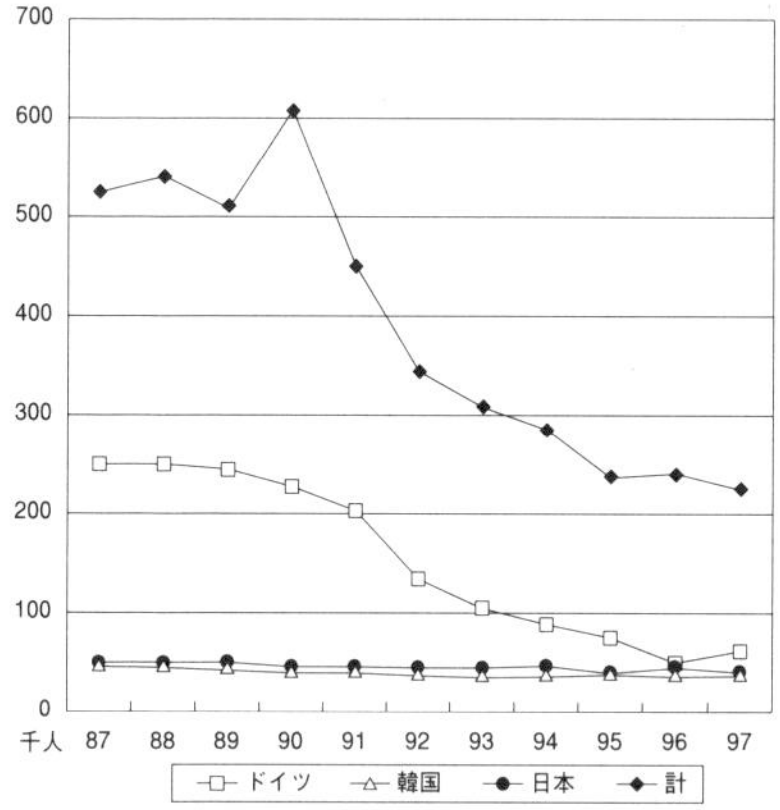

出典・「『思いやり予算』違憲訴訟・東京第4回口頭弁論（1999.2.2）配布資料」「思いやり予算」違憲訴訟・東京 <http://www.jca.apc.org/omoiyari/990202/fig2.html>。

性が高まっている。次の節では、アジア太平洋軍事戦略の根幹であり、在日米軍の主力として第二次大戦後のアジアで数多くの軍事行動を展開した、海軍と海兵隊という「海洋機動戦力」の位置づけを具体的に検討してみたい。

2 フロム・ザ・シー――「機動遠征軍」による「海から」の攻撃

(1) 「機動遠征軍」としての在日米軍

第三次『東アジア戦略報告』(一九九五年)が強調した駐屯軍一〇万人体制は、フィリピンからの撤退の後は日本と韓国に集中されている。しかし、在韓米軍と在日米軍とでは、性格はまったく異なっている。在韓米軍の主力は陸軍第二師団であり、ソウル前面に配備され守備範囲や攻撃任務の明確ないわば在所張り付けの部隊である。これに対し、在日米軍は第七艦隊・第三海兵遠征軍・第五航空軍という、広域の戦略機動を本質とする軍種が主力になっている。在韓米軍司令部は、米軍だけではなく戦時には韓国軍も指揮する統合軍司令部であるが、第五航空軍司令官が兼任する在日米軍司令官に日本駐屯部隊の戦闘指揮権はない。基地の維持や部隊間・日本政府との調整機能を担任しているだけであり、戦闘指揮はハワイの太平洋方面軍総司令官が戦域規模で行なっている(9)。

つまりは、米軍が機動攻撃力に重点をシフトし、アジア太平洋地域を重視しようとする時に、在日米軍こそが中核になるということである。主力を構成する海軍・海兵隊・空軍はいずれも広域での機動運用を特性とするが、ヴェトナム戦争後の第五航空軍の場合は、朝鮮半島への対応を主要任務とするため、戦闘部隊は東アジアでの現存を基本とする傾向があった。この航空軍は、一九六八

図1　太平洋方面軍担任戦域（2002年現在）

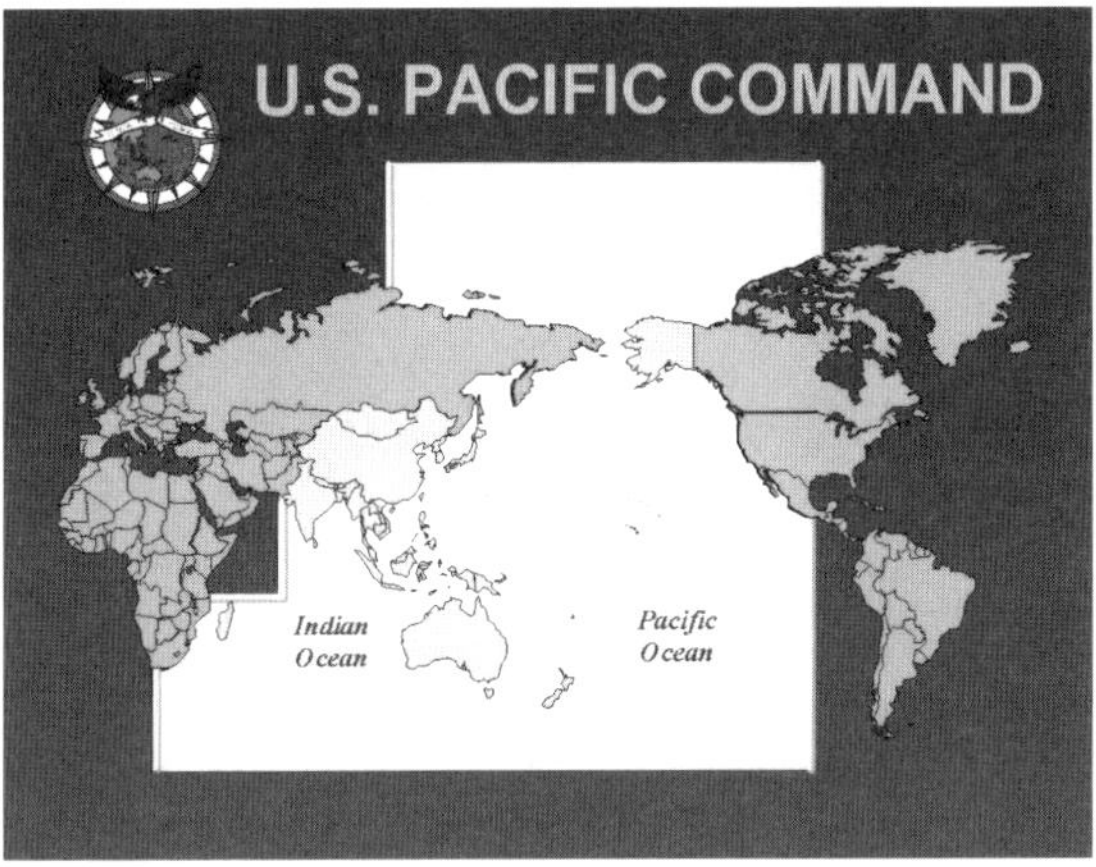

出典・"Area of Responsibility", US Pacific Command, 〈http://www.pacom.mil/about/aor.shtml〉.

図2　戦域統合軍担任戦域区分

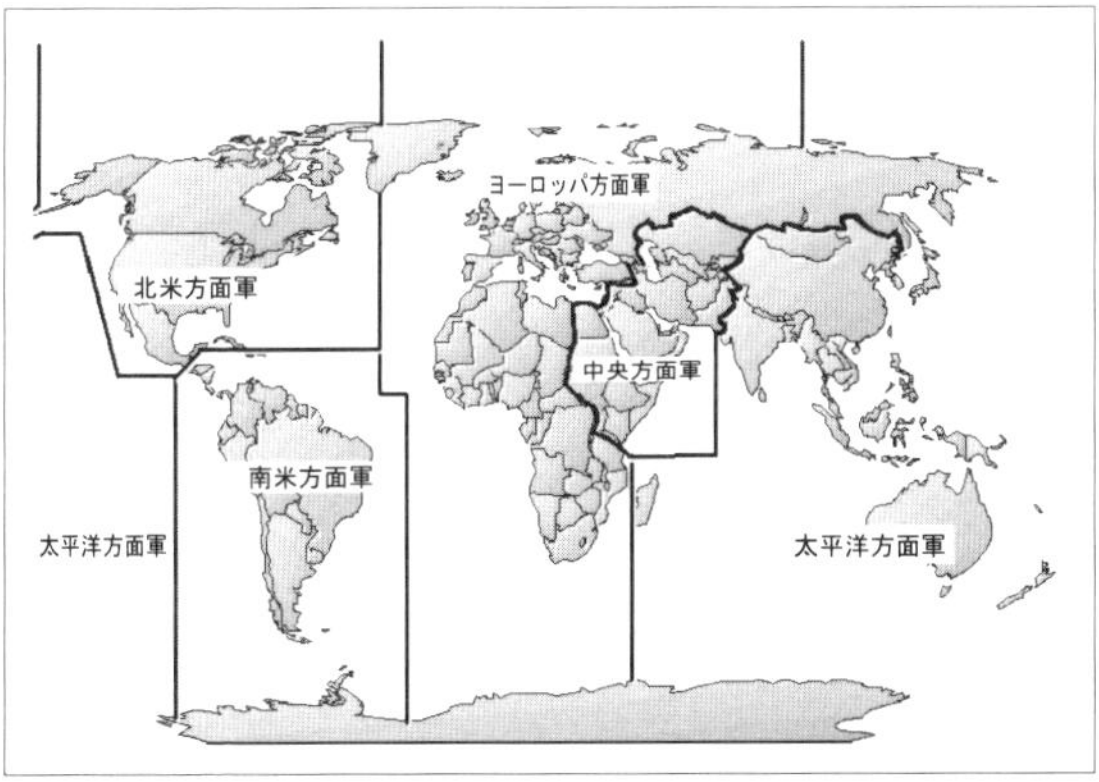

出典・*2002 Year Review,* Department of Defense, Dec. 2002, 〈http://www.defendamerica.mil/specials/dec2002/2002DodReview2.pdf〉.

年に起きたプエブロ事件で、ヴェトナムにほぼ全兵力を派出していたため北朝鮮による情報収集艦の拿捕を阻止することができず、統合参謀本部議長や空軍参謀総長が大統領から叱責されたという「戦訓」を持っている。湾岸戦争の時にも、輸送機・給油機や早期警戒管制機の部隊は中東作戦に参加したが、戦闘機部隊は日本に留まっていた。しかし一九九〇年代には第五航空軍も機動遠征軍の性格を強め、一連の湾岸作戦に戦闘機部隊を派遣している[10]。

(2)「フロム・ザ・シー」戦略

(i) 海からの沿岸攻撃

上に述べたように、冷戦期から湾岸戦争と一九九〇年代を通して、最も縦横に機動作戦を展開したのは、横須賀・佐世保を母港とする第七艦隊と、沖縄・岩国に駐屯する海兵隊であった。その海軍と海兵隊が「ポスト冷戦」の新しい軍事戦略として提示したのが、「海から From the Sea」の軍事介入という概念である。『ボトム・アップ・レヴュー』よりも一年早い一九九二年九月に、海軍長官・海軍参謀総長・海兵隊総司令官の連名で『フロム・ザ・シー――二一世紀へ向けての海上任務の準備』という文書が、海軍＝海兵隊の白書として発表されている（海兵隊は軍政的には海軍省の管轄下にある軍種である）[11]。

この文書は、海軍＝海兵隊は冷戦期のブルー・ウォーター・ネイヴィ戦略から、「地域・沿岸・遠征」戦略に転換すると述べている。ソ連の崩壊によって地球規模の脅威が消滅し大洋でソ連海軍と戦うことはなくなったので、戦闘態勢を「海から」の沿岸攻撃態勢に切り替え、海軍＝海兵隊の陸海空戦闘能力を統合した「遠征軍パッケージ」を編成して戦力投入をはかるとする。この戦力の中核となるのは「空母」と「巡航ミサイル」であるが、ほか「遠征軍パッケージ」の要素として、潜水艦・水陸両用戦艦艇と搭載海兵隊・海上哨戒航空機・水上戦闘艦・機雷戦戦力・特殊作戦戦力が挙げられている。また、攻撃と沿岸戦場の制圧だけでなく、制海権を確保して補給を保つ必要があり、海上輸送等の「海軍伝統の任務」も続くと言う。さらに、米国が核抑止政策をとる限り、生残性の高い弾道ミサイル原潜も必要であると述べている。[12]

つまりは、「新戦略」に基づく「新編制」を幾度も強調しながら、その構成要素は何も変化していないわけである。戦略ミサイル原潜についてはさすがに主張は控え目であるが、その他については冷戦期の軍備と異なるところはなく、むしろ巡航ミサイルが増えているくらいである。そもそも、冷戦期にソ連海軍と大洋上で対決するための戦略を取っていたという説明自体が、真実からは遠い。大型攻撃空母多数を擁する米海軍に対抗し得るソ連の水上艦隊は存在せず、アジア太平洋戦争のような機動部隊同士の海戦はあり得ないことであった。ソ連海軍の主力は原潜艦隊であり、これと洋上で戦うのであれば、攻撃型原潜や中小型の対潜空母を基幹とするハンター・キラー部隊はあり得ても、対空・対地攻撃力を主戦力とし最大艦は満載排水量一〇万トンに達する大型攻撃空母を一五隻も保有する必要はなかった。朝鮮戦争・ヴェトナム戦争・湾岸戦争の場合にそうであったように、空母は移動航空基地として、実際には「海からの沿岸攻撃」を主要任務としていたのである。

一九九三年には、『フロム・ザ・シー――アップデート』が発表されているが、最初の四部が五月に、第五部が秋に公表され、翌九四年春になってからも第六部が発表されるという異例な形態になった。第一部から第四部までは、それぞれ海軍長官による一般的アセスメント、前進プレゼンスの意義、空母の必要性、兵站の重要性について述べたもので、第五部は同盟国、第六部は医療体制について述べたものである。本来は一冊とすべき白書が三次にわたって発表されているのは、『フロム・ザ・シー』が公表されてからまだ八カ月しか経過していない九三年五月という時期に、急いで「アップデート」する必要があったことを意味している。この時期は、ポスト冷戦の軍事戦略・軍備計画を確立したとされる九月の『ボトム・アップ・レヴュー』発表の直前にあたる。ブッシュ政権での「基盤戦力」構想以来基本線はできていたものの、削減計画をめぐる四軍の抗争によって確定が遅れ、最終決定はクリントン政権に持ち越されたと言われている。政権が交替したこの時期にこそ、海軍＝海兵隊は前進プレゼンスや空母・兵站整備の重要性について主張する必要があったということである。特に空母については第三部の全部が割り当てられており、海上航空戦力の戦略的利点と、当時の保有一五隻の二割減となる「一二隻体制」の絶対の必要が強調されている。結局『ボトム・アップ・レヴュー』では、『アップデート』四部作が奏功したものか、空母は一二隻を保有することになった。海兵隊も即応遠征軍としての性格が評価されて、縮減率は他の三軍より少なかった(13)。

(ii) 公海の自由とアメリカの国益擁護

海上軍事力の特質として『フロム・ザ・シー』が強調しているのは、陸上基地の必要やホスト国の意向によって左右されることなく、公海を用いて自由な戦闘行動ができるという利点である。公海の自由原則が世界中の沿海国に合法的に接近することを保証しているので、作戦地域にアクセスするために外国政府による領土・領空通過の許可を得る必要がなく、進退は自由であると述べている。また、今後は外国基地の閉鎖が趨勢となるので、海上戦力に対する前進プレゼンスの要求が高まると言う[14]。

『アップデート』もこれを繰り返しつつ、米国の安全保障利益・経済的利益を保護するために冷戦期以来の海軍の前進プレゼンスが担ってきたのは、地球規模でのソ連の脅威というより、「実際」には地域的利益が大部分であったと述べている。その地域とは、「伝統的」に、①地中海、②北アラビア海、③西太平洋、の三つの海洋の沿岸地域である。そして、一九九〇年代の米国の経済的繁栄は、「米国の利益」を保護・促進する能力に依存している、と続けている[15]。

つまりは、冷戦後の新しい位置づけと言いながら、その主張の根幹は、冷戦期と冷戦後とで「実際」には異ならない、アメリカの国益・利権を保護するために軍事力が有用であるという点にあった。新しさがあるとすれば、軍事力を保有し行使する理由として、冷戦期から湾岸戦争にかけての世界平和や民主主義・正義を擁護するという「伝統的」名分の価値が低落し、根本的な価値基準として、正面からアメリカの国益の擁護と増進を掲げていることであろうか。

(iii) 前進展開と軍事同盟

『アップデート』第五部は、同盟について述べた分冊である。冒頭で、「安全保障パートナーシップ」について述べられている。アメリカはもはや地球規模の大国を相手とする軍事同盟のリーダーではないが、「ペルシャ湾」での実例に見られるように、「我がパートナー」も平和と自由貿易に共通の利益を見出している。米軍の前進展開は友好国との目的の共有を強化するものであり、「ならず者国家」に対抗することやユーゴの場合などにおいて、同盟軍は米軍の負担を軽減していると述べている。(16)

ポスト冷戦戦略の根本とされた、アメリカの国益にとって重要な地域のみでの軍事介入という原則と、外国との軍事同盟は直結するものではない。むしろ、他国の国益と背反・衝突することが考えられるわけである。『アップデート』は、擁護すべき普遍的玉条として自由貿易を掲げ、「伝統的」に同盟＝友好関係を構築してきた三つの海洋沿岸地域に対象を限ることによって、この隘路を回避しようとしているわけである。つまりは、「実際」には、冷戦期の軍事同盟と異なるところはなく、前進展開米軍と同盟国軍との「インターオペラビリティ（相互運用性）」や共同演習の重要性を再三強調していることは、同盟のリーダーであり続ける意志を宣言していることに他ならない。アメリカの財政的負担の軽減＝同盟国への役割分担要求というニクソン・ドクトリン以来のテーマは、米軍の縮小を補う必要によってより強調されることになった。

一九九四年の『フォワード……フロム・ザ・シー』は、最初のスタイルに戻り、軍事戦略の要旨のみを記した比較的短い文書となっている。『アップデート』は三次六部にわたって刊行され分量もその前後の年の六倍には達する異色のものであるが、海軍と海兵隊における軍縮の最大限の回避という刊行意図からして、海軍＝海兵隊の、ひいては米軍そのものの存在理由が赤裸に主張されていた文書であった。『フォワード』は、『ボトム・アップ・レヴュー』によってポスト冷戦の軍備体制が確定したことを受けての『フロム・ザ・シー』シリーズの完成版であり、海軍＝海兵隊の機動遠征軍としての性格を前面に押し出した「前進」というタイトルが付されている。内容的には、国益を保障する前進攻撃戦力としての海上軍事力の優位性を摘要・再説したものであるが、戦略ミサイル潜水艦についても「強固な戦略的核抑止」体制を続けるとし、核抑止の一環として、巡洋艦や駆逐艦に戦域ミサイル防衛（ＴＭＤ）システムを搭載することを主張している[17]。

一九九五年には『パートナーシップ……フロム・ザ・シー』が、「シー・パワー」をめぐる国際会議での海軍参謀総長の講演という形で発表されている。この会議は海軍戦争大学で開かれたものであるが、各国の参加者は皆この大学の修了者であった。ブールダ海軍参謀総長は、アメリカ海軍のポスト冷戦新戦略は『フロム・ザ・シー』と『フォワード』に記述されており、特に『フォワード』に尽くされていると述べているが、『アップデート』については触れていない。総長は、地域戦争は米国の同盟国・友好国を脅やかすものであるが、同盟国・友好国の安全は米国の重大な国益であり、米国と同盟国の相互依存ということが『フォワード』の主張であると述べている。そして軍事的パートナーシップの具体例として、米国が保有する原潜と同盟国が保有するディーゼル潜水艦が互いの性能上の欠点を相互に補完して共同作戦を行なうことを挙げている[18]。

潜水艦の例示は、米国と同盟国の関係を良く表している。海軍の国際会議であるので自明のこととして説明はされていないが、例えば大型原潜では常時運転されている原子炉の発生騒音よりも、潜航時は蓄電池で行動する中・小型ディーゼル潜水艦のほうがエンジン音が低いので探知されにくく、隠密作戦や海峡での待ち伏せ攻撃に適していることを意味する。小型潜水艦のほうが小回りが効き海岸や港湾に接近できるということもある。しかしまた、大型原潜が搭載兵器をはじめ全般的な戦闘行動能力において格段に優れていることもまた自明なことであり、この場合の相互補完的運用とは、攻撃主力である米原潜の行動を同盟国ディーゼル潜水艦が助けるということに他ならない。作戦の全体計画・指揮も米軍が取り仕切ることになる。この相互関係は、米海軍と海上自衛隊の関係にそのままあてはまる。

海軍長官・海軍参謀総長・海兵隊司令官連名の「フロム・ザ・シー」文書というスタイルは短期で終わり、戦略論は年度毎に刊行される『海軍省情勢報告』に吸収され、海軍独自の『ヴィジョン』や年次『国防報告』とあわせて白書の機能を持つようになる。もともと「フロム・ザ・シー」文書は冷戦後海洋戦略の広報を目的とするもので、年次白書としての内容はほとんど無かった。しかしまたそれゆえに、海洋戦力ひいては外国に駐屯する米軍兵力の意味をよく説明する文書となっているわけである。『フォワード』の後も『パートナーシップ』のように「フロム・ザ・シー」という言葉は頻繁に使われ、海軍＝海兵隊の機動遠征戦略を示す標語として定着していく。(19)

3 同盟国への分担要求と「日米安保再定義」――九〇年代の動向(1)

(1) 軍事基地閉鎖と例外としての日本

(i) 軍事基地閉鎖

軍事費削減の中心は後方部門に向けられ、その主要な手段のひとつが軍事基地の統廃合であった。米国国内基地の廃止は、過疎地域では人口の減少につながるとして政治的抵抗を生んだが、経費削減という至上命令から整理は推進され、大規模基地の場合一九八八年の計画で一六基地、九一年計画で二六、九三年計画で二八、九五年計画で二七基地の閉鎖が決定されている。小規模施設を含む各年次の計画数は、四二(一九八八年)、七五(一九九一年)、一六四(一九九三年)、一〇三(一九九五年)の計三八四施設にのぼる。九五年計画の時点で、ペリー国防長官は、基地の閉鎖は痛みを伴うが、軍の近代化と即応性の維持のためには経費の削減が必須であると言い、当年度の追加計画で二〇年間に一八〇億ドルの「節約」が見込まれると述べている。九五年以降も引き続き整理統合政策は推進され、九八年度現在で総経費計二三%の削減が見込まれた。九八年には、コーエン国防長官は今後五年間で二五〇億ドルが節減されると述べている[20]。

海外基地も、対ソ戦争用の重機甲師団をはじめ駐屯部隊を大幅に削減したドイツなどヨーロッパを中心に縮小され、一九九〇年から九四年の初頭までに、八六七の施設が廃止されたり一部返還さ

表3　海外駐屯米軍人数　　(各会計年度末・単位千人)[a, b]

	FY 88	FY 89	FY 90	FY 91	FY 92[b]	FY 93	FY 94[d]	FY 95	FY 96	FY 97	FY 98	FY 99
ドイツ	249	249	228	203	134	105	88	73	49	60	70	66
他ヨーロッパ地域	74	71	64	62	54	44	41	37	62[e]	48	42	40
ヨーロッパ・洋上	33	21	18	20	17	17	9	8	4	3	4	4
韓国	46	44	41	40	36	35	37	36	37	36	37	36
日本	50	50	47	45	46	46	45	39	43	41	40	40
他太平洋地域	17	16	15	9	3	1	1	1	1	1	1	1
太平洋・洋上(東南アジア地域を含む)	28	25	16	11	13	17	15	13	15	14	18	21
ラテン・アメリカ／カリブ海地域	15	21	20	19	18	18	36[d]	17	12	8	11	8
他方面	29	13	160	39[c]	23	25	15	14	17	15	37	32
総計[c]	541	510	609	448	344	308	287	238	240	226	260	247

a）1999年９月30日現在。

b）端数は総計に加えない。

c）「砂漠の嵐作戦」を支援中の沿岸基地要員118,000名と洋上の39,000名を含む。

d）ハイチの17,500名と西半球洋上にある4,000名を含む。

e）旧ユーゴスラビア共和国とハンガリーでボスニア・ヘルツェゴビナの作戦を支援中の26,000名を含む。

出典・"U.S. Military Personnel Foreign Areas", *Annual Report to the President and the Conmgress*, 2000, Appendix C, ‹http://www.defenselink.mil/execsec/adr2000/appc2.html›.

れたりしている。九五年七月時点で整理対象施設は九五九か所に及び、その比率は全海外施設の五七％に達した。アジア太平洋地域においても、フィリピンからの全面撤退という歴史的な決定が行なわれている㉑。

海外基地の駐留軍人数も大幅に減少し、表３に見られるように、一九八八年度から九九年度にわたる一二年間で、海外配備の兵員総数は半数以下となった。削減数の大きかったのは東西が対峙する第一線であったドイツ駐屯軍で、二四万九〇〇〇人が六万六〇〇〇人へと急減している。

(ii) 在日米軍基地

これに対して、在日米軍の場合は、部隊も基地も縮小の圏外にあった。フィリピンからの全面撤退にともなう日本への移駐、海兵隊岩国航空基地の滑走路沖合展開や普天間航空基地の新設移転計画、さらには「新ガイドライン」路線に則った民間港湾・空港の軍事利用など、むしろ拡大強化の様相を示している。一九九五年の沖縄での少女暴行事件によって高まった反基地運動に直面して、日米政府は沖縄での基地の「整理縮小」を公約するが、SACO行動計画において政府間で合意された返還予定地は北部訓練場など山岳部の占める割合が大きく、市街地に隣接する嘉手納航空基地など平野部の基幹基地はほぼ現状のまま維持されることとなった。普天間基地の移転が実現したとしても、新設が条件のため機能的には更新・拡充されることになる[22]。

表3に見られる駐留軍人数では、日本には八九年度に五万人、九九年度で四万人という数字が置かれている。しかし、海軍の場合には、空母ミッドウエーが横須賀を母港とした一九七三年に、世論対策として母港化ではなく海外行動期間の長い「延長展開」であるというレトリックを用いたために、空母一隻で五〇〇〇人にも達する第七艦隊の艦船乗員は、統計上は「洋上」にある兵員という奇妙な存在になった。冷戦期を通して、世界中の米国の同盟国のうちで、核武装をしていることが当然である米空母の母港を認めたのは日本だけであるが、日本国内の反発をやわらげ、「非核三原則」にあからさまに抵触しない便法として、日米政府が考え出したのがこの「延長展開」という説明であった。横須賀軍港や佐世保軍港を母港とする艦船の乗組員は、「洋上」が本来の居住所で

あり在日基地には一時的に寄港・滞在しているだけであるという虚構から、「在日米軍」の人員として数えられていないので、表3は正確な実数を表わしたものではない。例えば、フィリピン基地の閉鎖にともなって佐世保に移籍された強襲揚陸母艦ベローウッドなどは、日本配備戦力の増強にあたるものであるが、在日米軍人の増加としては表示されていないわけである。[23]

(2) 「同盟国の貢献」と日本の「ホスト・ネーション・サポート」

(i) 「同盟国の貢献」

米国内と海外での基地閉鎖が相次ぐ中で、在日基地のみが対象外であったのは、日本政府の「ホスト・ネーション・サポート(受け入れ国支援)」が世界中でも異常と言える高率・高額の経費負担を提供し、日本に部隊を駐屯させておくこと自体が米国軍事費の「節約」に直結したことが大きい。

一九八一年の議会立法に基づいて、国防総省は毎年『共同防衛に関する同盟国の貢献報告』を作成して議会に提出している。この報告書は、同盟国・友好国がどの程度の米軍駐屯経費を負担したか、またどの程度の軍事力を整備して西側戦力全体の増強に貢献しているかという点について、各国のGDPと軍事費の比率などを順位づけした「成績表」であり、二〇〇一年版は一三三頁におよぶ詳細なものになっている。比較対象国は、米国を含み、NATO諸国・湾岸協力会議(GCC)諸国・日韓両国という三つのブロックの二六カ国である。このグループは、前章で述べた「伝統的」に米軍が前進展開を行なってきた三地域において、共同作戦を実施することが想定されている

表4　米軍駐屯経費負担率・負担額（1999年）

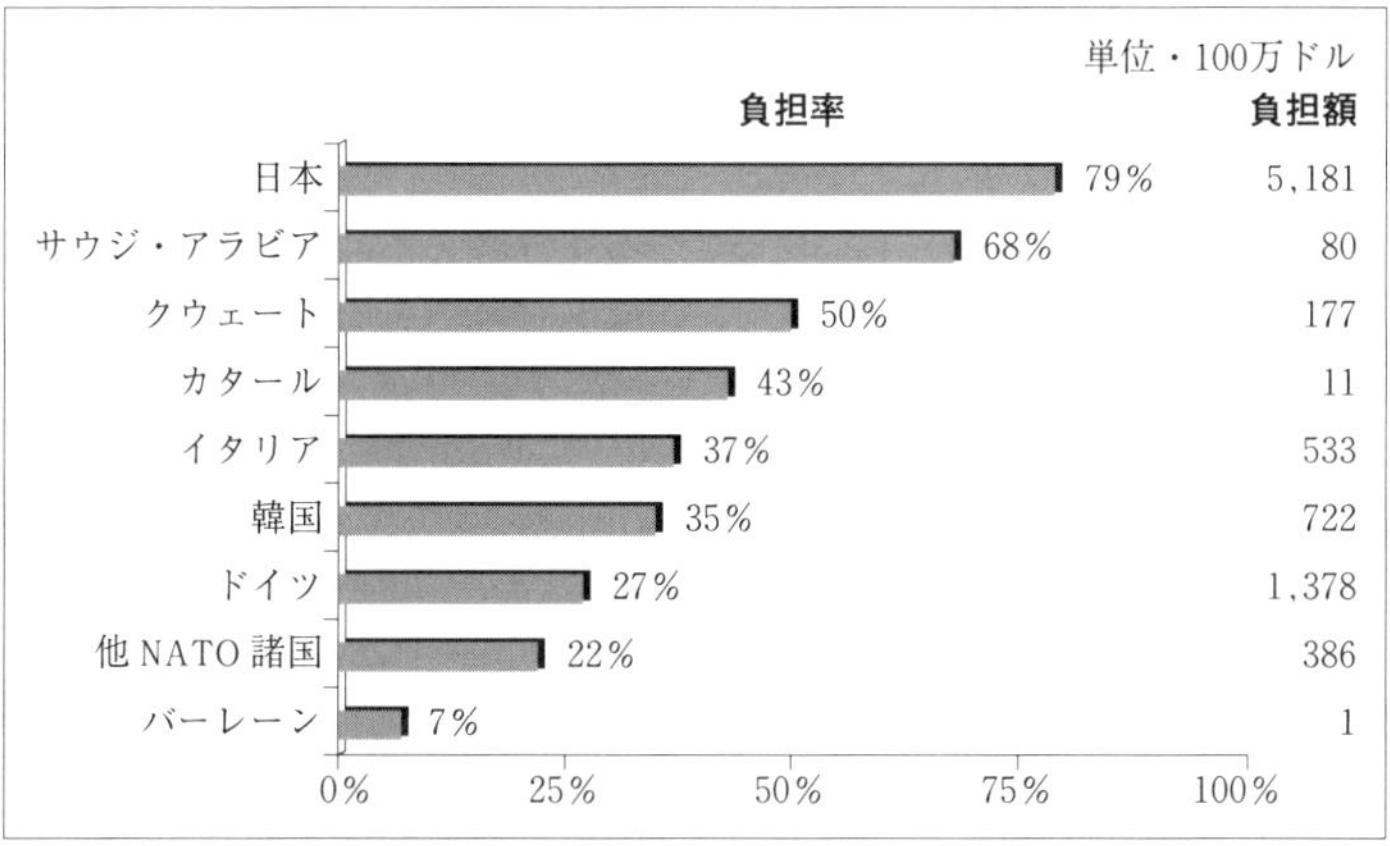

出典・"Chart Ⅲ-20: Share of U.S. Overseas Stationing Costs Paid by Selected Allies", *Report on Allied Contributions to the Common Defense: A Report to the United States Congress by the Secretary of Defense*, Department of Defense, 2001, p. Ⅲ-27, 〈http:// www. defenselink. mil/ pubs/ allied_contrib2001/allied2001.pdf〉.

同盟国である。表4は、米軍の駐屯経費の負担率と絶対額を表したものである。日本は比率では七九％に達して第一位であり、金額では約五二億ドルと群を抜いての第一位で、二位のドイツの四倍、三位の韓国の一〇倍の負担となっている。この額は、「痛みを伴う」一九九五年の基地閉鎖によって「節約」される費用の三倍にあたる。基地と部隊を維持する経費の八割が日本政府によって負担されているわけであり、経費削減を目的とする基地の「整理縮小」政策の対象外となるのは当然のことと言えよう[24]。

『貢献報告』で日本が目立つところは、このホスト・ネーション・サポートのほか、国防支出と経済援助の項目である。国防費の比較では、一九九〇年から九九年にかけての一〇年間で、アメリカが二六・五％のマイナスとなっているのをはじめ、ドイツ二九・九％、イギリス二九・一％、カナダ二六・九％、イタリア一〇・

表5　経済援助額の推移

単位・100万ドル（2000年通貨レート換算）

国名	1990	1994	1995	1996	1997	1998	1999	98-99年比率	90-99年比率
合州国	14,481	13,735	9,413	11,822	9,843	11,922	12,930	8.4	-10.7
NATO 同盟国									
ベルギー	850	676	809	735	701	809	740	-8.6	-13.0
カナダ	2,274	2,335	2,286	1,908	2,141	1,953	1,922	-1.6	-15.5
チェコ	[c]	28	[c]	[c]	[c]	16	15	-4.8	[b]
デンマーク	1,140	1,344	1,407	1,499	1,572	1,608	1,667	3.7	46.2
フランス	6,526	7,651	6,835	6,119	5,813	5,562	5,454	-1.9	-16.4
ドイツ	6,973	7,694	8,576	6,612	5,518	5,301	5,486	3.5	-21.3
ギリシア	6	113	123	145	151	167	178	6.3	3,116.3
ハンガリー	[a]	[a]	[a]	[a]	[a]	[a]	[a]	[a]	[a]
イタリア	2,958	2,710	1,715	2,191	1,312	2,181	1,693	-22.4	-42.8
ルクセンブルク	24	57	56	65	84	99	108	9.2	341.0
オランダ	2,440	2,255	2,617	2,509	2,580	2,765	2,831	2.4	16.0
ノルウェー	1,189	1,277	1,195	1,217	1,294	1,404	1,385	-1.3	16.5
ポーランド	[c]	[c]	[c]	[c]	[c]	27	37	36.9	[b]
ポルトガル	170	309	223	189	239	247	271	10.1	59.9
スペイン	842	1,316	1,174	1,060	1,099	1,224	1,236	1.0	46.8
トルコ	3	89	117	88	78	101	[c]	[b]	[b]
イギリス	3,467	4,184	4,095	3,956	3,877	4,237	3,656	-13.7	5.4
小計・非NATO諸国	28,862	32,038	31,228	28,292	26,458	27,701	26,680	-3.7	-7.6
小計・NATO諸国	43,343	45,773	40,641	40,115	36,301	39,623	39,609	0.0	-8.6
太平洋地域同盟国									
日本	12,558	12,316	12,465	9,552	10,393	12,786	16,036	25.4	27.7
韓国	68	140	113	152	193	204	358	75.4	426.7
小計	12,626	12,456	12,578	9,704	10,586	12,990	16,394	26.2	29.8
湾岸協力会議(GCC)諸国									
バーレーン	[a]	[a]	[a]	[a]	[a]	[a]	[a]	[a]	[a]
クウェート	1,624	426	416	389	357	154	147	-4.5	-90.9
オマーン	[a]	[a]	[a]	[a]	[a]	[a]	[a]	[a]	[a]
カタール	[a]	[a]	[a]	[a]	[a]	[a]	[a]	[a]	[a]
サウジ・アラビア	3,753	203	321	258	348	195	193	-1.2	-94.9
アラブ首長国連邦	1,208	83	40	135	79	102	95	-7.0	-92.1
小計	6,585	712	777	782	784	452	436	-3.7	-93.4
総計	62,553	58,941	53,995	50,601	47,671	53,065	56,439	6.4	-9.8

注記：経済援助の総額には、発展途上国・地域や過渡期にある諸国（中央・東ヨーロッパ諸国や旧ソ連から独立した諸国など）に対する政府開発援助（ODA）と政府間援助（OA）の支出を含む。

[a] 援助受領国　　[b] データ不完全　　[c] データ不明

出典・“Table E-14: Foreign Assistance”, *Report on Allied Contributions to the Common Defence: A Report to the United States Congress by the Secretary of Defence*, Department of Defense, 2001, p. E-15, ‹http://www.defenselink.mil/pubs/alled_contrib2001/allied2001.pdf›.

四%、フランス九・三%と、他のG7構成国は軒並みに減少しているのに対して、日本はひとり一六・九%の増加をみており、絶対額も四二二億ドルに達して、九〇年には第四位であったものがアメリカに次ぐ「同盟国」トップの位置に躍り出ている（九九年通貨レート換算値）。経済援助の項目でも同様な傾向で、他のG7構成国はイギリスの五・四%増加をのぞきアメリカの一〇・七%減少などみな減少しているが、日本は二七・七%増加と金額を伸ばし、九五年と九七年以降には伸び率で第一位になっている。絶対額でも、九九年の増加額はアメリカの一二九・三億ドルに対して一六〇億ドルに達している（二〇〇〇年レート）[25]。

表6　経済援助額と比率　1999年

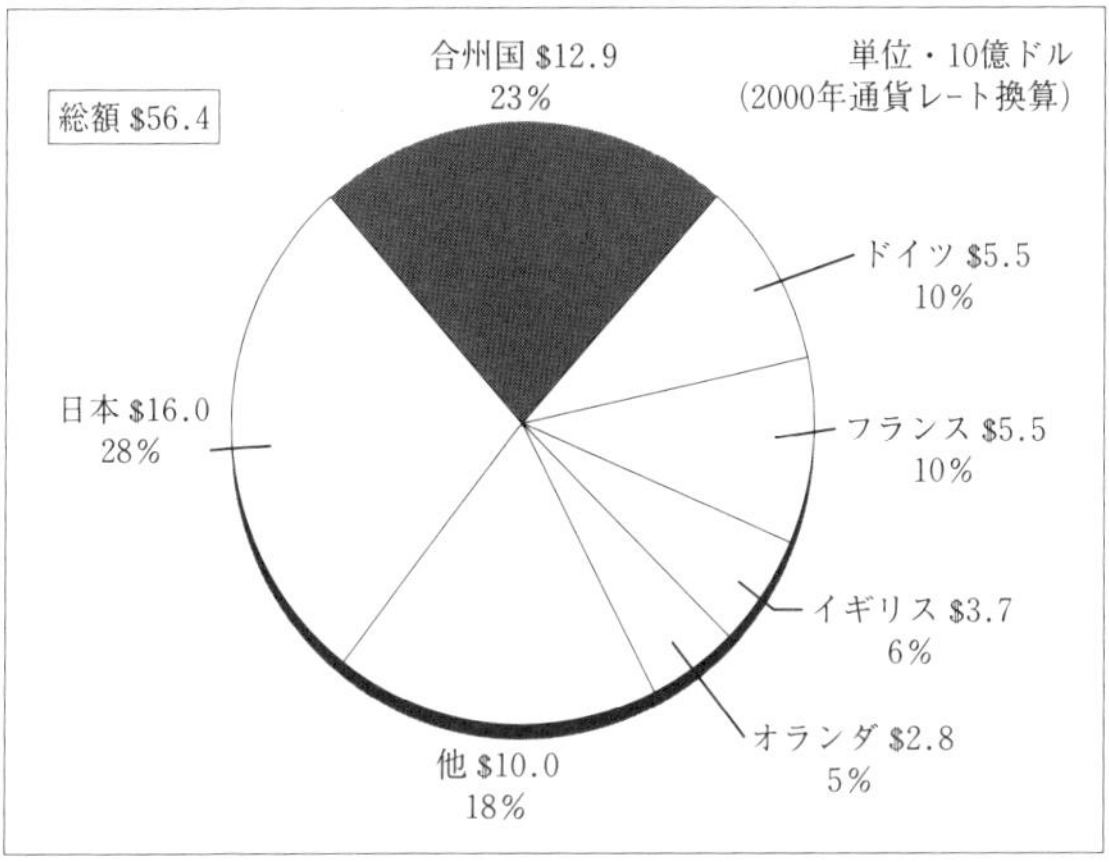

出典・"Chart Ⅲ-22: 1999 Foreign Assistance Contributions", *Report on Allied Contributions to the Common Defense: A Report to the United States Congress by the Secretary of Defense,* Department of Defense, 2001, p. Ⅲ-30, 〈http://www.defenselink.mil/pubs/allied_contrib2001/allied2001.pdf〉.

(iii)　戦略的援助

アメリカに対する同盟国の軍事的貢献度の報告書に、軍事援助ではなくより一般的な経済援助の項目があるのは、それが「地域規模・地球規模での安定」に結びつく手段であるからである。『貢献報告』二〇〇〇年版は、日本が世界規模で危機管理に寄与したと述べて、ボスニアへの七億ドルの援助、ウクライナ、バルカン地域、東ティモール、中東地域への援助と朝鮮半島エネルギー開発機構（KEDO）への支出を特記している。日本の経済援助は「伝統的」にはアジア諸国を主な対象として行なわれてきたが、それが危機管理の手段としての「地球規模」の戦略的援助へ拡大していることを大きく評価しているわけである。しかし、一九九九年には日本とアメリカの上位二国で統計対象国全体の五一％を占めて（二〇〇〇年レート）、絶対額では日米はまさにイコール・パートナーとなっているわけであるが、『貢献報告』二〇〇〇年版は、日本のGDPの大きさからしてGDP比では議会の目標値を満足するものではないとして、特に「not」の語にアンダーラインを付して強調している。軍事力との両輪をなす、戦略的経済援助のさらなる負担増大を求めているわけである。(26)

一般的経済援助が軍事的・世界戦略的貢献を意味することの実例としては、例えば湾岸戦争の時に世界を飛び回って「シャトル外交」を演じたベーカー元国務長官による、アメリカ自身の行動の説明がわかりやすい。ベーカー元長官は回顧録に、サウジ・アラビアやドイツに対する軍資金集めの「托鉢外交」と同時に、伝統的な「経済援助外交」を展開したことを記している。トルコの支持を得るためには、NATO加盟への支援とともに、「私の推薦」で世界銀行総裁となった元共和党下院議員のコナブル総裁に謀って、世界銀行が「今後二年間に毎年、一〇億ドルから一五億ドルをトルコに融資する」ことをオザル大統領に伝えている。エジプトには七一億ドルの対米債務の「帳消し」を約束し、経済破綻を抱えていたソ連には、喫緊の越冬資金としてサウジ・アラビアからの四〇億ドルの借款を斡旋している。トルコは、イラクからトルコ領内を通過して地中海に伸びる石油パイプラインを閉鎖し、北部からイラクを攻撃する重要な拠点となった空軍基地の使用を認めた。ベーカーは、「ソ連を対イラク連合にしっかりととどめておくことができたのも、この借款を私たちが取りまとめたおかげだと私は考えている」と述べている。また、説得に応じなかった安保理非常任理事国であったイエメンに対しては、安保理での戦争授権決議反対投票は「高くつく」ことになったと言い、米国の対イエメン経済援助七千万ドルだけではなく、援助停止を他国にも求めて、イエメンの投じた反対票は「二億ドルから二億五〇〇〇万ドルの価値」になったと計算している。[27]

(3) 日米安保再定義

一九九六年に、訪日したクリントン大統領と橋本首相との間で、「日米安保再定義」が行なわれた。これは冷戦後の日米軍事同盟関係を強化・確立したものであるとされる。『日米安保共同宣言』では、軍事協力の範囲が安保条約の「極東」地域から「アジア太平洋地域」へと拡大され、後の新ガイドライン体制・周辺事態法・有事立法へと続く日米安保体制強化の流れの基礎を作った。この首脳会談は本来九五年に開催することが予定されていたが、沖縄で海兵隊員らによる少女暴行事件が発生して反基地・反米感情が高まり、沖縄では保守派も参加して「抗議県民大会」が開かれるなど復帰運動以来の「島ぐるみ闘争」が展開されていたため、延期されて九六年に持ち越されたものであった。

「日米安保再定義」に至る一連の動きは、これを推進した中心人物であるジョセフ・ナイ国防次官補の名前をとって「ナイ・イニシアティブ」とも呼ばれる。「ナイ・イニシアティブ」を動機づけたのは、細川内閣が設置した「防衛問題懇談会」の報告書が多角的安全保障という概念を打ち出し、アメリカ政府がそこに日米安保の軽視・自主防衛論への傾斜を読みとって反発したからである、という解説がある。その後一九九八年になって、細川元首相は外交誌『フォーリン・アフェイアーズ』に寄稿した文章で、いわゆる「駐留なき安保論」を主張している。そこで細川元首相は、国民は在日米軍の存在に疑問を持っていると言い、「受け入れ国支援」は各種合計実質五〇億ドルに達しており財政が耐えられないと述べて、米軍駐屯は解消すべきだと訴えている。アメリカ政府は、細川首相がこの懇談会を設置した意図を正確に理解していたと言えよう。各種戦略報告が口を揃えている、アメリカ軍事戦略の根幹としての前進配備を否定する議論が太平洋方面の最大根拠地である日本政府の内部から出てくることに対しては、断固とした「関与政策」で臨み軍事的・政治的自立への志向を萌芽のうちに潰した、ということである。[28]

また、もうひとつの契機として、一九九四年の前半に緊張が高まった「朝鮮半島核危機」の発生があげられる。米軍が戦闘態勢をとったこの「危機」に際して、日本の戦争準備・米軍支援体制の不足と欠陥が露わになり、アメリカ側からの要求によって戦争のできる国家体制づくりを目指した動きが加速されることになった。

4　在日「機動遠征軍」の行動――九〇年代の動向(2)

湾岸戦争後の一〇年間も、在日米軍は冷戦期と変わらず「機動遠征軍」としての行動を続けている。戦闘行動だけでなく、平時のプレゼンス、港湾訪問や同盟国軍との演習の軍事的・政治的重要性については「フロム・ザ・シー」文書群や累次の『東アジア戦略報告』も強調しているところであるが、在日米軍部隊は戦闘と示威とを問わず太平洋・日本海・インド洋・アラビア海の全域で行動してきた。フィリピン基地の機能停止にともなう空軍特殊部隊の嘉手納移転や強襲揚陸母艦の佐世保移駐など、遠征軍としての戦闘力は増強されている。以下では朝鮮半島危機・台湾海峡危機の場合と、湾岸戦争以来続いたイラクでの戦闘について摘要しておきたい(29)。

(1)　朝鮮半島危機――一九九四年

「ポスト冷戦」戦略の仮想敵とされた「ならず者国家」の双璧が、イラクと北朝鮮である。ジョセフ・ナイ国防次官補がまとめた『第三次東アジア戦略報告』(一九九五年)では、朝鮮半島で大規模な戦争が生起した場合には湾岸戦争型の連合軍を編成することを予定しているが、それは一九九四年の「朝鮮半島危機」を背景にしたリアルな表明であった。九二年九月の「核開発疑惑」浮上と九三年四月の北朝鮮のNPT脱退宣言を経て、九四年前半には米軍が攻撃準備に入り戦争の危機が高まった。この「危機」は、秘密裡に第二次朝鮮戦争の準備が行なわれた、深刻なものであった。

(i) 第二次朝鮮戦争

一九九四年危機については、当時の金泳三韓国大統領が後に「何百万人が死ぬかもしれない」とクリントン大統領を説得したと発言するなど、開戦前夜という切迫した情勢であったことについては、断片的な情報は伝えられていた。ソウルの米大使館は在留米国人の日本への退避計画を検討、米政府は核開発施設と見込まれた寧辺爆撃を検討していたとされる。二〇〇二年一〇月になって、九四年当時に当事者であったペリー元国防長官とアシュトン元国防次官補が連名でワシントン・ポスト紙に寄稿して、「危機」の実情を証言している。ふたりは、北朝鮮の核施設を「先制攻撃」することと、それに伴って生起するであろう「戦争」を準備するために、九四年の前半期に多くの努力を費やしたと述べている。「数十万人の米軍」の動員計画が練られており、「日本の基地を使用する」計画であった。米軍の戦死者は数千人、韓国軍の戦死者は数万人にのぼり、避難民は数百万人に達すると見込まれていたと言う。ドン・オーバードーファーのルポルタージュによれば、統合参謀本部からクリントン大統領に報告された見積もりでは、最初の九〇日間で米軍の死傷者が五万二〇〇〇人、韓国軍の死傷者は四九万人、財政支出は六一〇億ドルを超えるとされていた[30]。

当時公表された事実には、ペイトリオット対空ミサイル部隊やアパッチ攻撃ヘリ部隊などの在韓米軍への増派がある。一九九四年三月のペイトリオット対空ミサイル部隊一個大隊の派遣は、国防総省は北朝鮮のスカッド・ミサイルによる攻撃を阻止するための、在韓米軍からの要請に基づくものであると説明している。増派兵力は一個大隊で人員は六五〇人から八〇〇人とまで発表しながら、搬入するペイトリオット・ミサイルの基数は機密事項として明らかにしなかった。六月には、さらなる本格的増派が計画されていた[31]。

(ii) 在日米軍と日本の戦時ホスト・ネーション・サポート

一九九四年三月にラック在韓米軍司令官は議会証言で、「韓国・日本・西太平洋にある米国軍隊」は「北朝鮮の侵略」を阻止し得る陣容を有している、と述べている。五月にはペリー国防長官が、韓国軍は在韓米軍を含め計一〇万人の「西太平洋にある米国軍隊」によって「補強されている」と述べている。東アジア駐屯一〇万人体制の主力は在日米軍である。つまり、ラック司令官が言うように、朝鮮で戦闘が起これば在日米軍が出動する、ペリー長官が言うように、平時から韓国軍・在韓米軍・在日米軍は一体である、ということである。軍事的には当然の事実であるが、在韓米軍司令官や国防長官は、もはや日本国内の日米安保論議などにはまったく配慮していないということでもある[32]。

第二次朝鮮戦争が開始されれば、日本は朝鮮戦争の時と同様な全面的支援を要求されたはずであった。朝鮮戦争停戦後の一九五四年二月に結ばれた『国連軍地位協定』では、日本は国連のとる「いかなる行動」についても「あらゆる援助」を行なう義務があることを確認している。元国防総省日本担当官であったP・ジアラは、九七年の『海軍大学レヴュー』誌と九九年に刊行された論文集において、協定に示された横田基地をはじめとする在日米軍の主要七基地は、朝鮮戦争当時に国連軍司令部を構成した軍隊が事前協議なしに使用できると述べている。「朝鮮国連軍」は、国連憲章に基づく正規のものではない湾岸戦争類似の連合軍であり、また『国連軍地位協定』も憲章にいう正式な「特別協定」ではないが、現在も在日米軍の自由行動の根拠として機能しているわけである[33]。

この時に、日本に対して、戦時ホスト・ネーション・サポートの要求が出されたと言われている。西日本新聞社が入手した「防衛庁の内部文書」によれば、この時に在日米軍司令部から日本側に打診された内容は、輸送・施設提供・補給・空港や港湾の使用・艦船航空機の修理・医療・米避難民の支援・基地警備・給食の提供など一〇〇〇項目にも達する詳細なものであった。各種報道によれば、防衛庁・統合幕僚会議は『K半島事態対処計画』を作成し、政府部内でも「四省庁会議」などで、「第二次世界大戦に敗北して以来の規模」の対策が練られていたとされる。また、日米の軍部・政府関係者が参加して、戦時シミュレーションも東京とワシントンで二回行なわれたという[34]。

当初の攻撃計画がどのようなものであったにせよ、北朝鮮地上軍の反攻により最終的に湾岸戦争規模の派兵になることを想定するなら、「国連軍地位協定」による横田など在日七基地の自由使用では不十分であることは明らかである。全面戦争に突入すれば、朝鮮戦争当時と同様な全面支援が日本に求められたことは当然であろう。また、この時の日本側の対応に対する不満が、一九九六年の「日米安保再定義」や九七年の「新ガイドライン」に至る日米安保強化路線の動機のひとつになったということも、軍事的文脈からは当然のことであろう。

この時の「危機」は、六月のカーター元大統領の劇的な訪朝によって、米朝合意の路線が築かれ事態は沈静化した。結局はＫＥＤＯという形で、北朝鮮に軽水炉を提供し資金は韓国と日本が負担するという、危機が叫ばれた当時には予想されなかった、逆転劇とも言うべき決着を見る。ここでも、日本は米国の路線転換に従って、『貢献報告』が讃える戦略的経済援助を拠出したわけであった。

(2) 台湾海峡危機——一九九六年

一九九五年から九六年にかけて、中国と台湾との緊張が高まった。「台湾海峡危機」のピークとなったのが、九六年三月の台湾での総統選挙にともない、中国が台湾独立派を牽制するために軍事演習を行ない、台湾を挟む形で弾道ミサイルを発射して、米国が二個空母戦闘群を急派し示威を行なったという事件である。中国の台湾海峡での軍事演習は九五年七月以来連続的に行なわれていたが、この演習の着弾地点は以前のミサイル演習より台湾に近く、北部海岸から二三マイル、南部海岸から三五マイルの二地点であった。また、同時に海峡で中国軍が上陸・実弾演習を行なうことも予告されていた[35]。

アメリカは、横須賀を母港とする空母インディペンデンス戦闘群を派遣した。空母の他、巡洋艦バンカー・ヒル、駆逐艦ヒューイット、オバーリン、フリゲート艦マックラスキーの五隻で編成され、イージス艦バンカー・ヒルは台湾南部海上でレーダー監視配置につき、空母本隊は東方海上を遊弋した。対イラク作戦に従事していた、原子力潜水艦を含む空母ニミッツ戦闘群にも台湾海域への移動が命じられた。ペリー国防長官はこの二個空母戦闘群急派の理由を、情況を「非常に注意深く」監察するためであると述べているが、目的が示威にあったことは当然である。プルーハー太平洋方面軍総司令官は、より明快に、この行動は「外交的メッセージ」であったと述べている。また、ペリー長官は中国の反発に関する質問に答えて、「国際水域」にある軍隊は移動の「完全な自由」を有していると発言している。中国の地対地ミサイルや上陸作戦能力に対して、二個空母戦闘群の航空戦力と巡航ミサイル戦力が優越すること、つまりは「フロム・ザ・シー」攻撃力の威容を展示してみせたわけであった[36]。

台湾海峡と三八度線は、冷戦期と同じく在日米軍の存在理由となっている。ジョージ・W・ブッシュ政権の成立にともなって、中国を敵視する冷戦型指向性が露わになった。二〇〇一年五月に米空軍の委託研究として発表されたランド研究所のアジア戦略研究報告は、この政権の国家安全保障会議の上級職に就いた研究員を中心にまとめられていたもので、台湾海峡をめぐって対中国戦争が勃発した場合に、戦場に近接する航空基地が不足しているとして、琉球列島のうちで台湾に近い下地島の民間飛行場を空軍基地化することを提言している。これに符節を合わせるように、四月下旬から五月にかけて、海兵隊機が沖縄県の自粛要請を無視して下地島・波照間両空港に着陸するという事件が起こり、五月二二日には在沖縄の米総領事が下地島空港を視察している。ランド研究所は国防総省の外郭団体とも言える研究機関で、ラムズフェルド国防長官が就任前に役員を務めていた。空軍の委託研究という性格からしても、この報告書が軍の意向を表していたことは明らかである[37]。

(3)「ノーザン・ウオッチ」と「サザン・ウオッチ」作戦

湾岸戦争後も、米軍は断続的にイラクに対する攻撃を続けていた。規模の大きな作戦としては、一九九三年一月の爆撃と巡航ミサイルによる攻撃、同六月の巡航ミサイル攻撃、九六年九月の「砂漠の打撃」作戦、九八年一二月の「砂漠の狐」作戦、ブッシュ(子)政権成立直後の二〇〇一年二月の空爆などがある。頻度が多いのは、「飛行禁止地域」をめぐる比較的小規模な攻撃である。[38]

「飛行禁止地域」は、反政府勢力をイラク空軍の攻撃から保護するためとして米英軍が設定したもので、北緯三二度以南・三六度以北の地域でのイラク軍固定翼機の飛行を禁止した。南部区域は一九九六年に北緯三三度以南に拡張されている。この空域では英米の戦闘機が恒常的にパトロールを行ない、イラク軍機監視だけではなく、イラク軍が対空レーダーを作動させるとこれを敵対行為として空対地ミサイルを発射してサイトを攻撃するなど、「飛行禁止」にとどまらない攻撃が続けられてきた。「ノーザン・ウオッチ」作戦は米軍の欧州方面軍が指揮し、トルコのインシルリンク空軍基地などを出撃拠点とした。「サザン・ウオッチ」作戦は中央方面軍が管轄して、サウジ・アラビアのダーラン基地など湾岸地域航空基地の空軍機と海上の空母から発進する海軍機によって行なわれてきた。「砂漠の狐」作戦以後は対地攻撃は常態化しており、一九九八年一二月から二〇〇〇年四月までの週間統計では、攻撃のなかった週は北部地域で二週、南部地域で四週を数えるのみである。この「ノーザン・ウオッチ」「サザン・ウオッチ」の両作戦には、嘉手納・三沢の戦闘機部隊や横須賀の空母がローテーションの一翼を担って参加している。[39]

図3「飛行禁止地域」

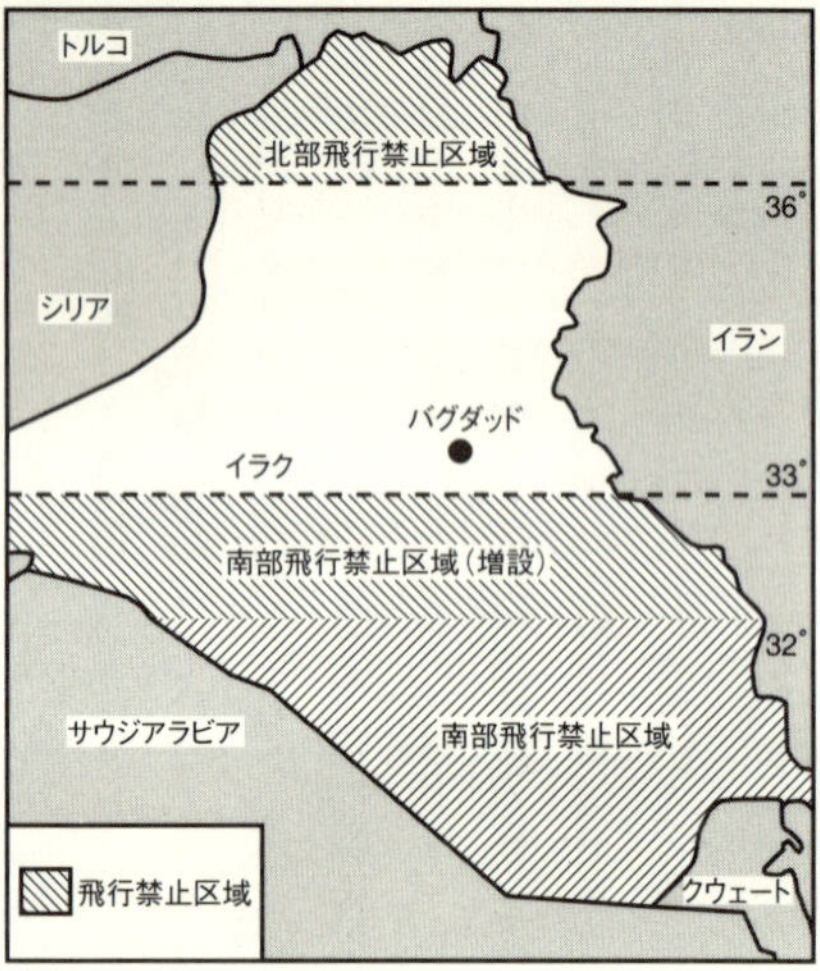

出典・"Operation Desert Strike", Federation of American Scientists, <http://www.fas.org/man/dod-101/ops/desert_strike.htm>.

在日米海軍の例としては、大規模な作戦では、「砂漠の打撃」作戦に出動した二個の空母群にトマホーク搭載艦の駆逐艦ヒューイットとオバーリンが加わっている。一九九八年二月の「砂漠の雷」作戦は攻撃実施に至らなかったが、横須賀の空母インデペンデンス戦闘群が主力部隊の一角を占めていた。「砂漠の狐」作戦では、強襲揚陸母艦ベローウッドなど佐世保の揚陸艦部隊が沖縄海兵隊を搭載して出撃している。このほか、インデペンデンス戦闘群は九二・九三・九五年にも「サザン・ウオッチ」作戦に出動している。九九年には、インデペンデンスに代わって横須賀を母港とした空母キティホーク戦闘群が「サザン・ウオッチ」作戦に参加し、四月から八月にかけて一、三〇〇回の戦闘出撃を行ない、イラク軍に対する五回の航空攻撃で計二〇トンの爆弾を投下している。この他、多くの艦艇が中東作戦に出動している(40)。

第五航空軍からは、三沢のF—16部隊と嘉手納のF—15部隊が両「ウオッチ」作戦に参加している。三沢からは一九九六・九八・九九年に南部、九七・二〇〇一年には北部「ウオッチ」作戦に派遣された。九八年の派遣機は一三機、九九年は八機である。三沢のF—16部隊は、レーダー波の照

表7　南部飛行禁止地域での米軍機への「脅威」と「反撃」

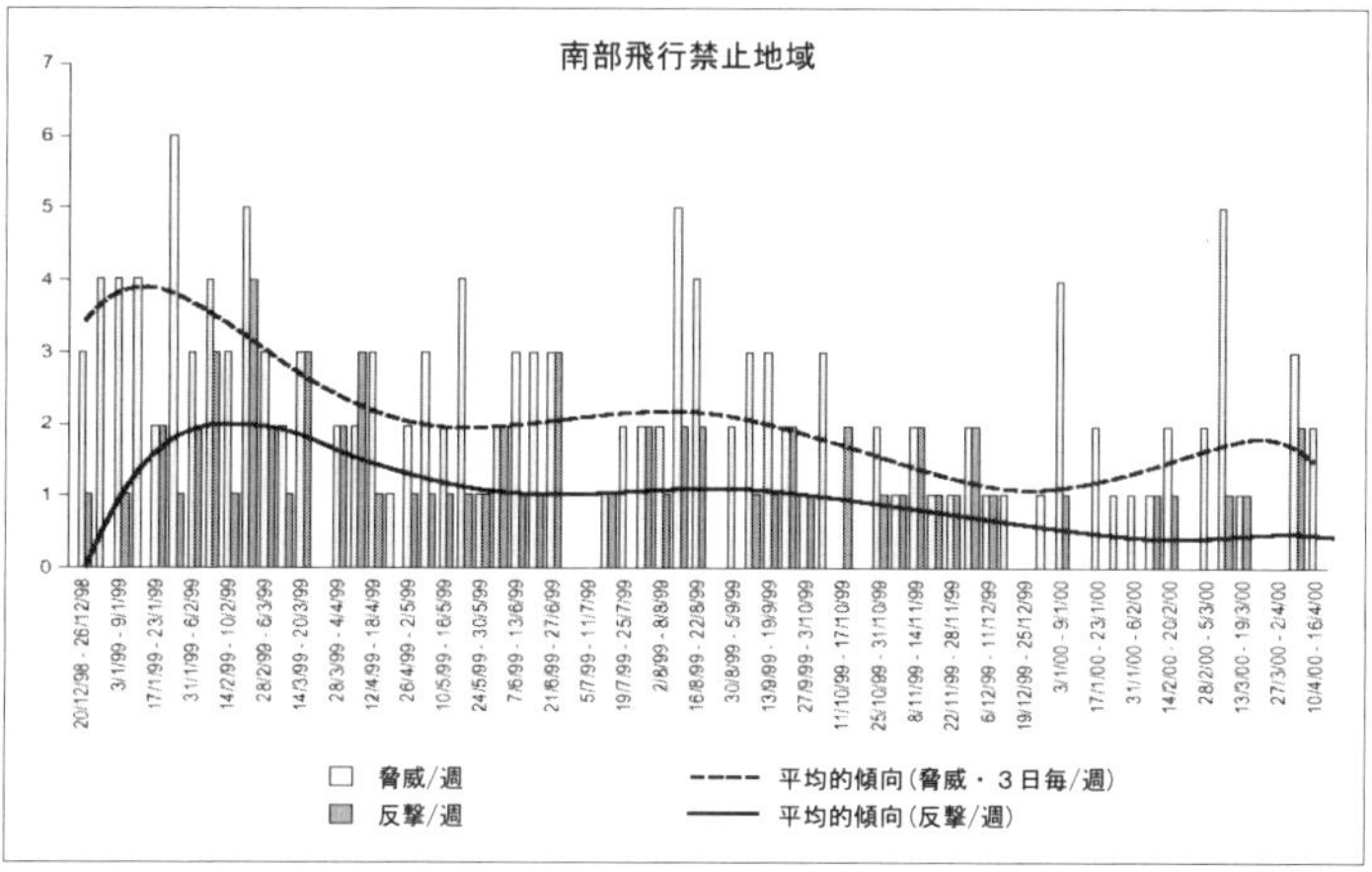

出典・"No Fly Zone Activity: Southern Watch", Federation of American Scientists, ⟨http://www.fas.org/news/iraq/2000/07/0041909.htm⟩.

表8　北部飛行禁止地域での米軍機への「脅威」と「反撃」

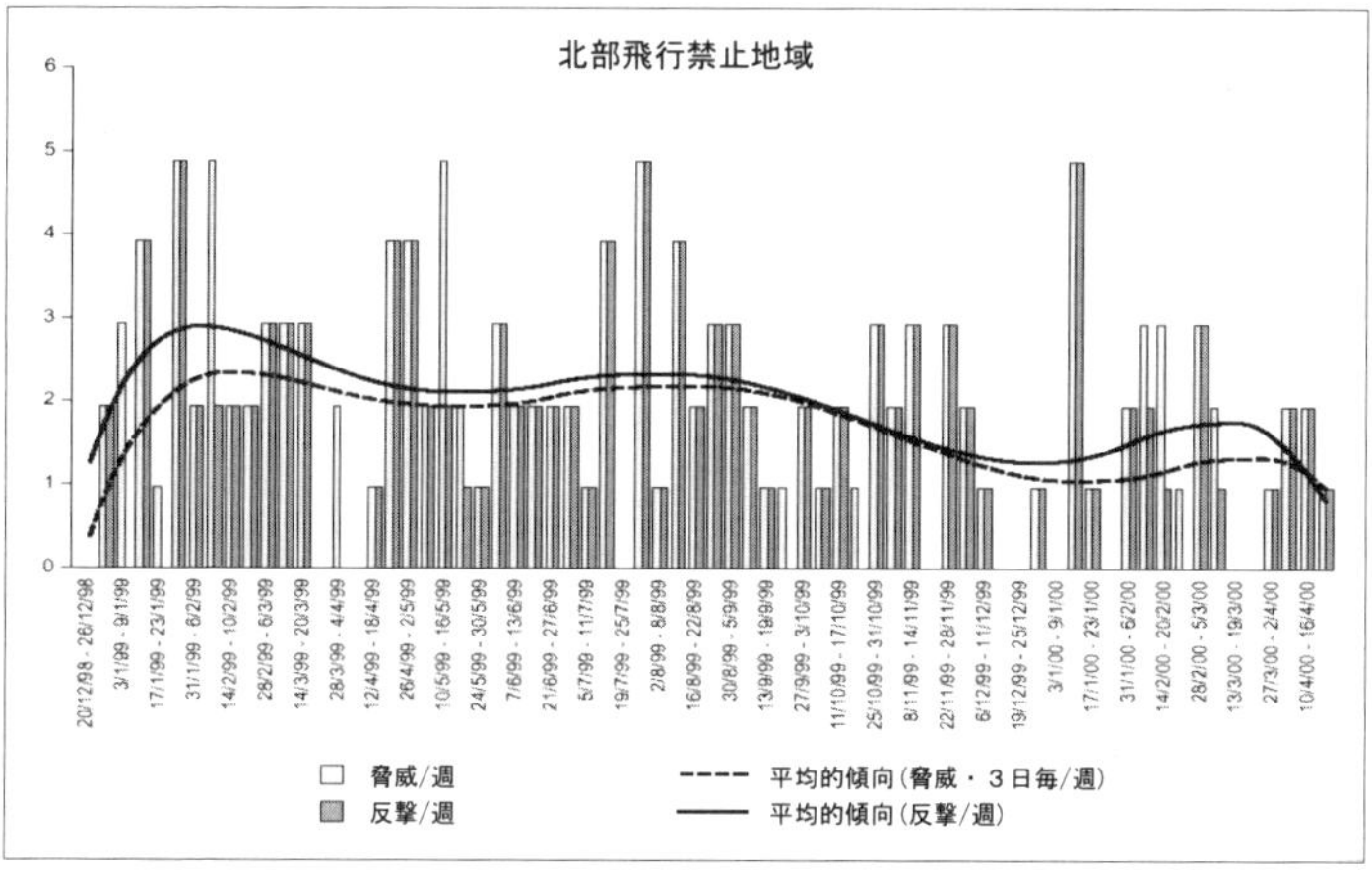

出典・"No Fly Zone Activity: Northern Watch", Federation of American Scientists, ⟨http://www.fas.org/news/iraq/2000/07/0041909.htm⟩.

射源に突入する空対地ミサイルを運用して対空ミサイル・サイトを破壊することを通常任務のひとつとしており、太平洋空軍から最初に「ウオッチ」作戦に派遣された部隊であった。嘉手納からは九八年から九九年にかけてと二〇〇〇年に南部、二〇〇一年に北部「ウオッチ」作戦に派遣されている[41]。

冷戦期と同じく、このすべての作戦行動に日本政府に対する「事前協議」はなく、在日米軍の出撃はまったくの「自由行動」であった。

5 九・一一事件と「デモクラシーのグローバリズム」
――アフガニスタン侵攻・イラク侵攻の論理

(1) ブッシュ政権の世界戦略

(i) 九・一一事件と対アフガニスタン報復戦争

二〇〇二年版の『国防報告』序文において、ラムズフェルド国防長官は、「九月一一日に、テロリストたちがアメリカの自由、繁栄、軍事力の象徴を攻撃した」と述べている。まさに、九・一一事件は、ワールド・トレード・センター（ＷＴＣ）とペンタゴンという、経済と軍事の「アメリカの象徴」を攻撃した〈政治的〉な事件であった。犠牲者数と資産的損失は史上例を見ない膨大なものとなったが、事件の本質は、中東でイスラエル民間人などを対象に抵抗の意志表示として行なわれている「自爆」攻撃や、空港での乱射事件などと同じ性格のものであった。ニューヨークの商業ビル二棟とワシントンの国防総省ビルの一部を破壊しても、経済活動の根幹が揺るぐわけではなく、世界に展開する米軍の軍事力が削がれるわけでもない。しかし、ブッシュ大統領は、事件直後にこの「事件」をアメリカに向けられた「戦争」であると宣言し、対アフガニスタン報復戦争の発動へと直進する。米政府によれば、実行犯組織のアル・カイーダとこれを匿ったタリバン政権は「同罪」であった。殺人の実行犯とその隠匿者が同罪同罰であるという概念は、刑事法制においてはあり得ないことである。また「戦争」とは国家間の実力衝突を意味するもので、国家でないものを相手とする戦争など言葉の意味を逸脱するものである。ブッシュ政権は、事件の衝撃の大きさを背景に「新しい戦争」・「不対称戦争」という新しい概念に飛躍することによって、国内法・国際法を度外視して、アフガニスタンという「国家」を相手とする、本来の定義通りの「戦争」に突入することになる。(42)

(ii) 国益追求のための単独主義

ブッシュ政権が、歴代の中でも上位を争うタカ派政権となるであろうことは予想されていた。大統領選挙でブッシュ候補の軍事・外交政策を担当したコンドリーサ・ライス・スタンフォード大学教授（新政権で国家安全保障担当大統領補佐官に就任）は、外交雑誌に「国益を増進すること」と題するブッシュ陣営の基本政策と言える論文を寄稿している。そこでライスは、新政権の単独主義強行路線を予告するように、国益に背くものとして京都気候会議議定書・全面的核実験禁止条約・ABM条約（弾道弾迎撃ミサイル禁止条約）などを批判している。また、経済のグローバリゼーションが世界に繁栄と自由をもたらすとして、自由貿易を国際政治の根幹として強調する。そして、繁栄の基礎として平和が必要であり、米国がそれを保障し得る唯一の存在であるので、さらに強力な軍事力を確立しなければならないと述べている。個別の脅威について述べている箇所では、イラクについてはフセイン大統領がいる限り変化は見込めないとして、反体制派への支援を含め可能な手段を用いて、「彼を除去する」ことを主張している。北朝鮮については、日韓両国との関係もあり『枠組み合意』は廃せないが、北朝鮮が大量破壊兵器を所有しても、その使用は（米国の全面攻撃による）国家の消滅に結びつくので実際には使えず、抑止は可能であると述べている[43]。

新政権はライス補佐官の描いた下絵の通りに、京都会議議定書からの脱退、ABM条約の破棄など単独主義路線を歩み出すことになる。「未臨界核実験」より効率的である地下核実験の再開も話題にされていた。政権首脳部は、軍事力至上論者のライス補佐官や湾岸戦争時の国防長官であるチェイニー副大統領のほか、ミサイル防衛（MD）をはじめ軍備増強論者で二度目の職務となったラムズフェルド国防長官、強硬派として知られるウォルフォウィッツ国防副長官をはじめ、湾岸戦争時に統合参謀本部議長であった退役陸軍大将のパウエル国務長官、レーガン政権の国防次官補であった海軍出身のアーミテージ国務副長官と、外交中枢までが「国防族」で占められるという、アメリカ型軍事政権とも呼べるような構成となった。

(iii) 九・一一事件と『四年毎国防レビュー（QDR）』

ブッシュ政権が公表した最初の体系的な戦略構想は、九・一一事件直後に発表された第二次『四年毎国防レビュー（QDR）』である。この第二次QDRは、発表寸前の事件発生によって急きょ手直しがされているが、事件後二〇日たらずのうちに公表されており、根幹は準備されていたものと大きく変わってはいないものと思われる。また、全体を貫く「軍事思想」は、ライス論文の主張を敷衍したものとなっている。第二次QDRは、軍事力の意味について、次のように言う[44]。

「米国軍隊の目的は、米国の国益を保護し増進させることであり、もし抑止に失敗した場合には、国益を脅やかすものに対して決定的な勝利を収めることである」。

これはクリントン政権の『ボトム・アップレビュー』や『第一次QDR』以来の国益第一主義路線を継承するものであるが、実に端的な言い方になっている。また、中途半端な軍事行動ではなく「決定的」な勝利を目指すというところに、前政権の「砂漠の狐作戦」などでの軍事力使用に対する批判を読みとることができよう。その上で、「米国の権益」が保護されるならば、「米国とその友好国」は平和と自由の中で繁栄することができると述べている。パックス・アメリカーナの意味するところは先ず第一にアメリカの権益が確保されることであり、その体制内に入る従属的国家には平和と繁栄が約束されるということである[45]。

そして、九・一一事件の発生を受けて、次のように述べている[46]。

「米国軍は、大統領の指示に基づいて、それが国家であろうと非国家体であろうとを問わずいかなる敵に対しても、合州国とその同盟パートナーの意思を強制する能力を維持しなければならない。このような決定的な勝利には、敵国家の体制を改変することや、米国の戦略的目的が達成されるまで外国領土を占領することも含まれ得る」。

つまり、アル・カイーダという「非国家体」とアフガニスタンという「国家」を攻撃対象とし、アフガニスタンにはタリバン政権を覆して政体の改変を「強制」することが、すでに宣言されているわけである。また、「外国領土」の占領統治も、アフガニスタンの「次」のイラク侵攻の論理において具体化する。ライス論文の対イラク政策の結論は、フセイン大統領の「除去」であった。九・一一事件は突然に生起したものであるが、これに対する反応として「対テロ戦争」=アフガニスタン戦争を実施し、その延長上でイラクの占領と政権転覆が主張された。ブッシュ政権にとっては、基本方針を実行に移す好機到来ということになったわけである。

海外配備については、地球規模のアメリカの権益を保護するために米軍の配置を再検討すると述べているが、陸・海・空・海兵の四軍にわたって強化が求められているのは「アラビア湾」であり、海・空・海兵の三軍には「西太平洋」での増強が要求されている。特に海軍の場合、西太平洋地域にさらに三、四個の海上戦闘部隊と巡航ミサイル原潜部隊の母港を確保すべく調査すると言う。「ヨーロッパ」は陸軍の項目にしか出てこない。それも、増強ではなくむしろ機動性を高めた小規模部隊への改編である。そして、現有の西欧と北東アジアの米軍基地は「死活的に重要」であり、「世界の他の地域」への戦力投入において「ハブ」の役割も果たすとしている。つまり、二一世紀の米軍の予定戦場は中東戦域と西太平洋戦域ということである。そして、基地の現存する西欧と北東アジア以外の予定戦場は、「アラビア湾」である。つまり、中東での戦争の際、在日米軍基地は所在する「機動展開部隊」の出撃・後方基地であるとともに、戦域と本国を結ぶ「ハブ」＝中継基地となるということである(47)。

横須賀を母港とする空母キティホーク戦闘群など在日米軍は、アフガニスタン侵攻・イラク侵攻に参戦して短期間での戦力集中に寄与した。海・空・海兵の即応部隊を有する攻勢待機軍としての在日米軍は、「報復戦争」や「先制攻撃」における必要度が増しているということである。また、在日米軍基地は朝鮮戦争以来、ベトナム戦争や湾岸戦争などアメリカが戦ったアジアでの戦争で、「ハブ」としての大きな役割を果たしてきた。湾岸戦争後に米軍はフィリピンから撤退しており、在日米軍基地の機能・役割はますます増大している。

(2)「先制攻撃」と「デモクラシーのグローバリズム」

(i)『大統領教書』

二〇〇二年一月に発表された、その年の施政方針を述べる『大統領教書』では、世界平和を妨げる「ならず者国家」の代表としてイラク・イラン・北朝鮮の三か国が名指され、「このような国家」

とその同盟者のテロリストが「悪の枢軸」を構築しているとされた(48)。

「北朝鮮は、自らの市民を飢えさせながら、ミサイルと大量破壊兵器で武装している体制である」。

「イランは、選挙されたわけでもない数人がイラン国民の自由への希望を抑圧しつつ、大量破壊兵器を積極的に追い求め、テロを輸出している」。

「イラクは、アメリカへの敵対を誇示し続けテロを支援し続けている。イラクの体制は、一〇年以上も炭疽菌、神経ガス、核兵器を開発しようとする陰謀を続けてきた。それは、すでに毒ガスを用いて数千の自国民を虐殺し——母親の身体を死んだ子供の上に重ねて捨てた——体制である。それは、国際的査察に同意し、——そして査察官を蹴り出した体制である。それは、文明世界から何か隠したいものを持っている体制である」。

文明国の大統領らしくない悪罵に満ちた演説であるが、それはともかく、北朝鮮とイランがほぼ一行のみの言及であるのに対して、イラクの場合は長文で具体的事実も書き込まれ、イラクを「敵」の本命視していることは明らかであった。なお、イラクがガス兵器を使用したのはクルド民族の反政府勢力に対してであり、その当時のイラクはアメリカの仇敵である革命イランに対抗する友好国であったため、アメリカが化学兵器使用に対して事実上黙認したことには触れられていない。また、「テロを支援」し「炭疽菌」を開発と、数ある生物兵器の中から炭疽菌のみを取りあげて、九・一一事件やその後の炭疽菌事件の黒幕という印象を醸し出している。ラムズフェルド国防長官は、九・一一事件後に何度かイラクとアル・カイーダの同盟関係に言及しているが、明確な証拠は提示できなかった。それにもかかわらず、ラムズフェルド長官は、二〇〇二年九月二五日にNATOの国防相会議で、両者の関係を証明するとしてCIAによる二〇分間の「スライド・ショウ」を演出し「妻たちや子供たち」を守れと力説している。しかし、新しい証拠はなく、ドイツとフランスの国防相を納得させることはできなかった。翌二六日には、ライス補佐官が、アル・カイーダの要員がバグダッドにいる、とフセイン政権との「関係」を主張している。議会と国連安保理事会に対してイラク侵攻の授権決議を求め、中間選挙を目前にしていたこの時点で、ブッシュ政権はイラクとアル・カイーダの同盟関係をイラク攻撃の理由に使おうとしていたわけである。しかし、中東専門家の間では、世俗的なイラクと原理主義のアル・カイーダでは、同盟どころかむしろ敵対関係にあると言われていた(49)。

『大統領教書』は、さらに「テロリストとスポンサー国家」が、大量破壊兵器を製造・取得することを阻止すると言い、「アメリカは、我が国家の安全保障を遂行するために必要なことは成し遂げる」と述べて、次のように宣言している。

「我われは慎重に行動するが、しかし時は我われの味方ではない。私は、危険が増大しつつあるのに事件を待つようなことはしない。私は、危難が刻一刻と近づきつつある時に、傍観したりはしない。アメリカ合州国は、世界で最も危険な体制が世界で最も破壊的な兵器をもって我われを脅やかすことを許さない」。

事件が起こるのを待たない、許さないということは、すなわち「先制攻撃」を行なうということである。そして、いつの間にか、アメリカ攻撃の実行者は「テロリスト」から「世界で最も危険な体制」に入れ替わっている。先に見たように、「悪の枢軸」三カ国の中で、イラクのみは、「テロリスト」を介さない直接の「アメリカへの敵対」が明示されていた。

(ii) 「超先制攻撃」の論理と国連という存在の否定

ブッシュ大統領は、二〇〇二年六月一日の陸軍士官学校卒業式の演説で、冷戦期の抑止と封じ込めという戦略は、「独裁者」が大量破壊兵器をミサイルに装填したりテロリストに秘密裏に供与する場合には役立たないとして、「脅威が完整する」「現実化する」まで待たずに戦闘を開始すると宣言した。この時のブッシュ大統領は「先制行動」という言葉を用いているが、これ以後、「先制攻撃」はブッシュ戦略の核心を表わす言葉と見なされるようになった。しかしその内容は、兵器の脅威が具体化する以前の計画・製造段階で攻撃するというものであり、攻撃の意志と能力のある相手が戦闘を開始する前に叩くという、先制攻撃という言葉の意味をはるかに超えるものであった。即座に想起されるのは、イスラエルがイラクの原爆製造を阻止するとして、オシラクに建設中であった未完成原子炉を空爆して破壊した事例であろう(50)。

八月に発表された『国防報告』二〇〇二年版も、『大統領教書』の「先制攻撃」に触れた部分をそのまま引用して「予防、そして時には先制」が必要であるとし、「最良の防御は良き攻撃である」と結論している。そして、九月に公にされた『国家安全保障戦略』において、アメリカに敵対するテロリストや「ならず者国家」に対しては、「自衛権」を発動して「脅威が完全に形成される前」に「先制攻撃」を行ない、軍事作戦においては米国「単独」の行動を厭わない、という「ブッシュ・ドクトリン」が全貌を現すことになる。それは、戦争の原則禁止という精神に立脚する国連憲章や平和維持を目的とする安全保障理事会の機能を無視して、「自衛権」の名のもとに、アメリカ一国が「脅威」を告発する検察官、意図と能力を認定する裁判官、判決執行を強制する警察官・憲兵の役割を一身に兼ねることを宣言するものであった。朝鮮戦争・ヴェトナム戦争・湾岸戦争という第二次大戦後にアメリカが大軍を派遣した三つの戦争の場合には、米軍の派兵には現地の親米政権による要請という形式も付随した。しかしアフガニスタン侵攻・イラク侵攻の場合は全く一方的な戦力投入となった(51)。

この文脈からは、米国が国連安全保障理事会に求めて二〇〇二年一一月に全会一致で採択された「安保理決議一四四一」は、超タカ派にとっては失敗であったと言うことができよう。決議一四四一は、イラクに対して過去の決議に対する「重大な違反」を正す「最後の機会」としての国連査察の実施を求め、「義務違反を継続」した場合には「深刻な結果」を招くとしている。この「義務違反を継続」しているかどうかの認定権を、一国家である米国や英国が有していないことは当然である。それは国連査察団によって報告され、安保理事会によって判定・認定されなければならない事柄である。決議一四四一は、査察団からイラクの義務違反の報告があった場合は、安保理は即座に開会して状況と決議内容実施の必要を「検討する」と明記している。査察団は、討議打ち切りの時点で査察の継続を希望していた。イラクが「義務違反を継続」したとして軍事攻撃の授権を求めたアメリカ・イギリス・スペイン三国提出の「第二の決議」案は、フランスをはじめロシア・中国という常任理事国の反対にあい、米英に日本を加えた強力な働きかけにもかかわらず、「中間六カ国」といわれた非常任理事国（メキシコ・チリ・パキスタン・ギニア・アンゴラ・カメルーン）の賛成も得られなかった。二月に行なわれた安保理のヒアリングでは六〇か国が発言し、うち五〇か国が査察継続・戦争の回避を主張していた[52]。

米英両国は、現地での砂嵐や酷暑の季節が近いという気候的条件や世界的な反戦デモの高揚などの政治情勢から、採択の見通しのなくなった安保理での討議を放擲して開戦に踏み切ることになる。ブッシュ大統領は二〇〇三年三月一七日の「最後通告演説」で決議一四四一に触れ、イラクがすでに武装解除されたとはどの国も主張するはずがないが、しかし「武装解除を強制する」第二の決議案は、「いくつかの常任メンバー」の拒否権行使の表明によって採択の見込みがなく、安保理がその責任を果たさないので「我われ」が立ち上がる、と宣言している。つまりは、安保理決議一四四一を根拠にしながら安保理を否定するという、奇妙な論理構成になっているわけである。ブッシュ演説では、全会一致で採択された決議一四四一に表現されている国際社会の意志の実行をフランスやロシアが阻んだ、という印象を与える言い回しになっている。しかし、実際は「中間六カ国」の賛同も得ることができず、仏露の拒否権行使がなくとも、決議一四四一の言う「最後の機会」の期限を「三月一七日」とした「第二の決議」案が、一五理事国中の九票を得て米国の予定する「開戦日」までに成立する見込みはなかった。つまり、常任理事国の拒否権行使があっても、理事国多数の賛成を得て国際社会の意志として主張できるという可能性もなかったわけである。そして、審議途中の決議案に書かれた期限である「三月一七日」に、ブッシュ大統領は「最後通告演説」を行なう。ブッシュ政権の振舞いは、安保理の多数意見や常任理事国の拒否権をすべて否定する、超大国の超逆拒否権とでも呼ぶべき行為であったと言えよう[53]。

(iii) 国益と軍事力――経済・政治・軍事のグローバリズム

『国家安全保障戦略』では、ライス論文の、自由貿易が世界に繁栄と自由をもたらすというテーゼが繰り返されている。『戦略』は、第三世界の貧困がテロリストの土壌となるとして、貧困の克服を世界平和の課題として大きく扱っているが、その処方箋は「自由貿易」と「自由市場」である。世界銀行やＩＭＦなどの指導と経済援助の実績査定に従って「自由市場民主主義」を進めながら、政治的民主主義を樹立して「開かれた社会」となることが貧困脱出の道であると言う。先進国の経済支配に結果する自由貿易で、なぜ第三世界が豊かになれるのかという説明はない。歴史学で使われる自由貿易帝国主義・門戸開放帝国主義という用語の内容が、昔話ではないということである。二〇〇三年に入って、イラク侵攻の戦争目的には、大量破壊兵器使用に対する「自衛権」の超先制発動だけではなく、専制政治を打倒し民主主義の実現をはかるという、「人民解放戦争」の必要が強調されるようになった[54]。

ブッシュ大統領は『戦略』の序文で、現時点を「地球全体に自由の恩恵が拡張される」機会と見なすと述べている。自由と民主主義は世界普遍の絶対的価値であり、これに敵対する者は「文明の敵」として米国の脅威となるので、その政治体制は打倒され民主主義化されなければならない、という単純な論理である。ブッシュ政権は、グローバリズムを経済面で推進しながら、政治面でも世界普遍基準への統合を強く押し出してきている。その上で、対テロ戦争は「文明の衝突」ではなく、ムスリム世界の「文明内の衝突」であると述べている。意味不明な文言であるが、フセイン政権やタリバン政権的な専制に抗しアメリカの基準に和するムスリム、民主主義国家に改造されたアフガニスタンやアメリカの企図する民主化パレスティナなどは、「文明の敵」ではないと言いたいわけである。そして、論理上、アメリカ基準の強制はアフガニスタンやイラクなどイスラム圏にとどまるものではなく、その対象は「地球全体」に及ぶことになる。ブッシュ政権は、いわば「デモクラシーのドミノ理論」とでも呼ぶべき、アメリカが主導する世界改造の論理を提示しているのである。これには、「悪の枢軸」と名指された北朝鮮とイランだけではなく、今はアメリカの友好国とされている湾岸産油地帯の封建的王族国家や中東をはじめ第三世界の多くの国家が、イラクの「次」を予感して首筋を撫でていることであろう。

[注]

＊本稿の基礎になっているのは筆者の以下の論文である。「九〇年以降のアメリカの軍事戦略」全国憲法研究会編『法律時報増刊・憲法と有事法制』(日本評論社、二〇〇二年)、「ブッシュ政権の『国家

安全保障戦略』」『派兵チェック』一二一号（派兵チェック編集委員会、二〇〇二年）、「ブッシュ政権のめざす世界秩序」『未来をひらく教育』一三〇号（全国民主主義教育研究会、二〇〇三年）。また、本稿は対象とするテーマについての概説的記述も考慮しているため、筆者が最近に刊行した『[増補] アメリカの戦争と日米安保体制——在日米軍と日本の役割』（社会評論社、二〇〇三年）の増補部分と内容が重複する場合がある。

(1) 湾岸戦争については、詳しくは島川『[増補] アメリカの戦争と日米安保体制——在日米軍と日本の役割』（社会評論社、二〇〇三年）第二部第七章「湾岸戦争(1)日本の戦費分担コミットメント」、第八章「湾岸戦争(2)在日米軍の行動」参照。

(2) ジェームズ・A・ベーカー著 仙名紀訳『シャトル外交——激動の四年（上）』（新潮社、一九九七年）、五七八頁。

(3) "Address to the Nation Announcing the Deployment of United States Armed Forces to Saudi Arabia", Aug. 8, 1990, ‹http://bushlibrary.tamu.edu/papers/1990/90080800.html›.

(4) "U.S. Policy in Response to the Iraqi Invasion of Kuwait" (Secret), National Security Directive 45, Aug. 20, 1990, ‹http:// bushlibrary.tamu.edu/research/nsd/NSD/NSD%2045/0001.pdf›; "Responding to Iraqi Aggression in the Gulf" (Top Secret), National Security Directive 54, Jan. 15, 1991, ‹http: // bushlibrary.tamu.edu/research/nsd/NSD/NSD%2054/0001.pdf›.

(5) "U.S. Policy Toward the Persian Gulf" (Secret), National Security Directive 26, Oct. 2, 1989, ‹http:// bushlibrary.tamu.edu/research/nsd/NSD/NSD%2026/0001.pdf›; "State of the Union Address 1980", Jan. 21, 1980, ‹http://www. jimmycarterlibrary. org/ documents/ speeches/ su80jec.phtml›; "Persian Gulf Security Framework" (Secret), Presidential Directives 63, Jan. 15, 1981, ‹http://www. jimmycarter

library.org/documents/pddirectives/pd63.pdf〉.

(6) "Excerpts From Iraqi Document on Meeting with U.S. Envoy", *New York Times*, Sep. 23, 1990, 〈http://www.fas.org/news/iraq/1990/900923-glaspie.htm〉; John Edward Wilz, "The Making of Mr. Bush's War: A Failure to Learn from History?", *Presidential Studies Quarterly*, Summer 1996, 〈http://www.mtholyoke.edu/acad/intrel/wilz.htm〉; H・シュワーツコフ著 沼澤洽治訳『シュワーツコフ回想録――少年時代・ヴェトナム最前線・湾岸戦争』(新潮社、一九九四年)、三一〇―三一七頁。侵攻前の一連の経緯から、湾岸戦争はアメリカが仕組んだものであるという「陰謀説」があるが、いわば「状況証拠」に基づくものであり「陰謀」を証明する決定的な証拠はない。しかしまた、「陰謀」が存在したかのような経過をたどったことも事実である。

(7) 島川『アメリカ東アジア軍事戦略と日米安保体制――付・国防総省第四次東アジア戦略報告』(社会評論社、一九九九年)、第一部第一章「ポスト冷戦とアメリカ軍事戦略の再編成」、第二章「経済と国益」参照。

(8) "Post Cold War Effect", Department of Defense, 〈http://www.defenselink.mil/pubs/dod101/slide26.html〉.

(9) 島川『アメリカ東アジア軍事戦略と日米安保体制』第一部第四章「『前進展開戦力』の意味」参照。

(10) 島川『[増補]アメリカの戦争と日米安保体制』第二部第四章「情報収集艦プエブロ拿捕事件」、第八章参照。

(11) Sean O'Keefe, Frank B. Kelso II and C. E. Mundy, Jr., ... *From the Sea: Preparing the Naval Service for the 21st Century*, The Navy Public Affairs Librery, Sep. 1992, 〈http://www.chinfo.navy.mil/navpalib/policy/fromsea/fromsea.txt〉.

(12) *Ibid.*

(13) "... *From the Sea" Update: The OPNAV Assessment Process*, Department of the Navy Policy Paper, May 1993, The Navy Public Affairs Library, ‹http: // www. chinfo. navy. mil / navpalib / policy / fromsea/ftsuoap.txt›; "... *From the Sea" Update: Naval Forward Presence: Essential For a Changing World*, May 1993, ‹/ftsunfp.txt›; "... *From the Sea" Update: Carriers for Force 2001: A Strategy Based Force Structure*, May 1993, ‹/ftsucf2.txt›; "... *From the Sea" Update: Force Sustainment*, May 1993, ‹/ftsufs.txt›; "... *From the Sea" Update: Working with Other Nations*, Fall 1993, ‹/ftsuwon.txt›; "... *From the Sea" Update: Navy Medicin- "Shaping the Change"*, Spring 1994, ‹/ftsunmsc.txt›.「基盤戦力」構想については、Lorna S. Jaffe, *The Development of the Base Force, 1989–1992*, Joint History Office, Office of the Chairman of the Joint Chiefs of Staff, 1993, ‹http://www.dtic.mil/doctrine/jel/history/baseforc.pdf〉参照.

(14) ... *From the Sea*, 1992.

(15) "... *From the Sea" Update: Naval Forward Presence*, May 1993.

(16) "... *From the Sea" Update: Working with Other Nations*, Fall 1993.

(17) John H. Dalton, J. M. Boorda and Carl E. Mundy, Jr., *Forward...From the Sea*, Nov. 9, 1994, The Navy Public Affairs Library, ‹http://www.chinfo.navy.mil/navpalib/policy/fromsea/forward.txt›.

(18) J. M. Boorda, "Partnership...From the Sea", International Sea Power Symposium, Nov. 6, 1995, The Navy Public Affairs Library, ‹http://www.chinfo.navy.mil/navpalib/policy/fromsea/boor1106.txt›.

(19)「フロム・ザ・シー」文書群と『海軍省情勢報告』は ‹http://www.chinfo.navy.mil/navpalib/policy/fromsea/›、『ヴィジョン』は ‹http://www.chinfo.navy.mil/navpalib/policy/vision› にまとめられている。

(20) "Major Base Closure Summary", American Forces Information Service, April, 1998, ‹http://www.defenselink.mil/faq/pis/17.html›; "Base Closures and Realignments: 1988 Commission Recommendations",

Department of Defense, ‹http:// www.defenselink. mil:80/ news/ fact_sheets/ baseclose88. html›; “Base Closures and Realignments: 1991 Commission Recommendations”, ‹/baseclose91.html›; “Base Closures and Realignments: 1993 Commission Recommendations”, ‹/baseclose93.html›; “Base Closures and Realignments: 1995 Commission Recommendations”, ‹/baseclose93. html›; “Secretary Perry Recommends Closing, Realigning 146 Bases”, Navy News Service – 28 FEB 95, ‹http://www.chinfo.navy.mil/navpalib/baseclos/dod95rec.txt›; *The Report of the Department of Defense on Base Realignment and Closure*, Department of Defense, Apr. 1998, ‹http://www.defenselink.mil/pubs/brac040298.pdf〉; “DoD News Briefing: Secretary of Defense William S. Cohen”, Apr. 2, 1998, ‹http://pdq2.usia.gov/›.

(21) “More U.S. Overseas Bases to End Operations”, Department of Defense Immediate Release, Feb. 24, 1994, ‹http://www.chinfo.navy.mil/navpalib/baseclos/dodr0224.txt›; “Four Overseas Naval Installations Returning to UK”, Navy Wire Service, July 1995, ‹http://www.chinfo.navy.mil/navpalib/baseclos/uk.txt›.

(22) 岩国基地の滑走路沖合展開については、中逵啓示「利益誘導型基地運動の登場――岩国基地沖合移設はなぜ『成功』したのか」*Journal of Pacific Asia*, Ⅱ, 1995, ‹http://law.rikkyo.ac.jp/npa/020201j.htm›参照。

(23) この「延長展開」という虚構については、島川『[増補] アメリカの戦争と日米安保体制』第一部第四章の「空母ミッドウエーの横須賀母港化」の項目を参照。マスコミはいまだに横須賀の空母について「事実上の母港」と表記することが多いが、この虚構の維持に協力すべきではない。

(24) *Report on Allied Contributions to the Common Defense: A Report to the United States Congress by the Secretary of Defense*, Department of Defense, 2001, p. Ⅲ -27, ‹http://www.defenselink.mil/pubs/allied_contrib2001/allied2001.pdf›.

(25) *Report on Allied Contributions to the Common Defense: A Report to the United States Congress by the Secretary of*

Defense, 2000, p. E-5, Department of Defense, ‹http://www.defenselink.mil/pubs/allied_contrib2000/allied2000.pdf›; *Report on Allied Contributions to the Common Defense*, 2001.

(26) *Report on Allied Contributions to the Common Defense*, 2000, p. Ⅰ-6, Ⅱ-13, Ⅲ-30.

(27) ベーカー前掲書、五八七～五八八、六〇二、六一一、六八二頁。

(28) この時外務省は、日米安保反対論の論点を列挙した上でそれを否定するという攻撃的な広報を行なった。これについては、島川『アメリカ東アジア軍事戦略と日米安保体制』第二部「日米安保体制と日本政府の非論理」参照。

(29) "Heritage of the Quiet Professionals", Air Force Special Operations Command, 1999, ‹http://www.afsoc.af.mil/history/›. 島川『アメリカ東アジア軍事戦略と日米安保体制』第一部第五章「ポスト冷戦軍事戦略と日本の役割」参照。

(30) 「北朝鮮『宣戦』を警告 米側も寧辺爆撃を検討 日米の元政府高官明かす」『産経新聞』一九九七年一二月二日付、「九四年初夏、米朝あわや開戦」『産経新聞』一九九七年一二月七日付、「米の北朝鮮攻撃 回避 金泳三・前韓国大統領インタビュー 九四年の核疑惑 緊迫やりとり明かす」『読売新聞』一九九九年一〇月一九日付、Ashton B. Carter and William J. Perry, "Nuclear Over North Korea: Back to the Brink", *Washington Post*, Oct. 20, 2002, ‹http://www.washingtonpost.com/wp-dyn/articles/A50658-2002Oct19.htm›; ドン・オーバードーファー著、菱木一美訳『二つのコリア――国際政治の中の朝鮮半島』(共同通信社、二〇〇二年)三六九頁。

(31) 石川巌「現在進行形の朝鮮半島危機」『軍事研究』一九九四年七月号、"Patriot Missile Deployment to South Korea Called Necessary", United States Information Agency Reporting, Mar. 22, 1994, ‹http://www.fas.org/news/skorea/1994/31125760-31129328.htm›; Ashton B. Carter and William J. Perry, ibid.

(32) Gary E. Luck, "U.S. Presence Still Asian Region's Security Glue", Defense Subcommittee, House

Appropriations Committee, Mar. 1, 1994, ‹http://www.chinfo.navy.mil/navpalib/intl/korea/luck0301.txt›; William Perry, "Diplomacy, Preparedness Needed to Deal with North Korea", Asia Society, Washington, May 3, 1994, ‹http://www.chinfo.navy.mil/navpalib/intl/korea/perr0503.txt›.

(33)『国連軍地位協定』については、島川『[増補] アメリカの戦争と日米安保体制』第一部第三章「沖縄返還交渉 一九六九年」参照。

(34)「九四—九五年朝鮮半島の有事想定 米が後方支援要求 福岡空港も対象 防衛庁文書」「有事九州は支援基地 半島危機米軍の対日要求 衣食住まで詳細に」『西日本新聞』一九九九年六月一六日付、「日本政府の極秘シナリオ 朝鮮半島有事の対応」『アエラ』一九九四年六月六日号、「幻の『極東有事』に惑わされるな 米軍への協力研究」『朝日新聞』一九九六年五月二七日付、「朝鮮半島有事、その時…九三——九四年に政府が危機管理案を検討」「朝鮮半島核疑惑の危機に直面、ひそかに有事研究が始まった 日米安保」『朝日新聞』一九九六年一二月二四日付、「九四年朝鮮半島危機で米韓支援へ有事計画 政府、防衛指針作業復活」『朝日新聞』一九九九年四月一五日付。

(35) "Taiwan Strait: 21 July 1995 to 23 March 1996", Federation of American Scientists, ‹http://www.fas.org/man/dod-101/ops/taiwan_strait.htm›; Douglas Porch, "The Taiwan Strait Crisis of 1996: Strategic Implications for the United States Navy", *Naval War College Review*, LII-3, 1999, ‹http://www.nwc.navy.mil/press/Review/1999/summer/rtoc-su9.htm›.

(36) "Taiwan Strait"; "Mobile, flexible Navy Again on the Move", Navy News Service, Mar. 13, 1996, ‹http://www.fas.org/man/dod-101/ops/docs/960313-taiwan-usn.htm›; "DoD News Briefing: Secretary of Defense William J. Perry", Mar. 16, 1996, Department of Defense, ‹http://www.fas.org/man/dod-101/ops/docs/t031896_t0316vns.htm›; Joseph W. Prueher, "Shaping Our Future in the Asia-Pacific", *Joint Force Quarterly*, Autumn/Winter 1997-98, p. 61, ‹http://www.dtic.mil/doctrine/jel/jfq_pubs/1217pgs.pdf›.

(37) Zalmay Khalilzad, David Orletsky, Jonathan Pollack, Kevin Pollpeter, Angel Rabasa, David Shlapak, Abram Shulsky, and Ashley Tellis, *The United States and Asia: Toward a New U.S. Strategy and Force Posture*, Rand Corporation, May 2001, ‹http://www.rand.org/publications/MR/MR1315/MR1315.ch4.pdf›;「米政府系研究所、対中戦略を強化を提言」『朝日新聞』二〇〇一年五月一六日付、「米軍機が下地、波照間に飛来　比と合同演習参加の途中　住民、恒常化を懸念」『沖縄タイムス』二〇〇一年四月二八日付夕刊、「三〇〇〇メートル滑走路に関心　米総領事が下地島空港視察」『琉球新報』二〇〇一年五月二三日付。

(38) Cf. “United States Military Operations”, FAS, ‹http://www.fas.org/man/dod-101/ops/index.html›.

(39) “Operation Northern Watch”, European Command, ‹http:// www. eucom. mil/ directorates/ ecpa/ operations/ onw/ onw.htm›; “Operation Southern Watch”, European Command, ‹http:// www.eucom.mil/ directorates/ ecpa/ operations/ osw/ osw.htm›; “No Fly Zone Activity Since Desert Fox”, FAS, ‹http:// www.fas.org/news/iraq/2000/07/0041909.htm›.

(40) “U.S. Naval Forces in the Persian Gulf as of September 26, 1996”, Navy Public Affairs Library, ‹http://www.chinfo.navy.mil/navpalib/intl/iraq/iraq02.html›; “Operation Desert Thunder”, FAS, ‹http:// www.fas.org/ man/ dod-101/ops/desert_thunder.htm›; “Dragon History”, VFA-192, ‹http:// www.atsugi. navy. mil/ vfa-192/ history. html›; “Kitty Hawk Battle Group Leaves Arabian Gulf: Aircraft Carrier Returns to Japan after 6-month Deployment”, USS Kitty Hawk Public Affairs, July 15, 1999, ‹http:// www.fas.org/ man/ dod-101/ sys/ ship/ docs/ 990715-7frel573.htm›; 石川巌「四年続いた〝忘れられた戦争〟」『軍事研究』二〇〇三年二月号、一〇二頁。「砂漠の狐」作戦での強襲揚陸部隊については、島川『アメリカ東アジア軍事戦略と日米安保体制』第三部第二章「在日海兵遠征部隊と一九九八年冬のイラク攻撃」参照。

(41) “Misawa Takes Turn in SWA”, *Air Force Print News*, Mar. 17, 1999; “Misawa, Kadena Pilots Joining

"Resolute Northern Watch Effort", *Pacific Stars and Stripes*, June 6, 2001, ‹http://ww2.pstripes.osd.mil/01/jun01/ed060601a.html›; 「三沢のF16、湾岸へ派遣」追跡!-在日米軍 ‹http://www.rimpeace.or.jp/jrp/misawa/msw985/msw985.html›; "12 FS History", 12th Fighter Squadron, ‹http://www.elmendorf.af.mil/units/12fs/history.htm›; "18th Wing Rotates Southern Watch Forces", 18th Wing Public Affairs, June 8, 2000, ‹http:// www-02. kadena. af. mil/ pa/ news/ june00/ june8/ desert. htm›; "13th Fighter Squadron 'Panthers'", 13th Fighter Squadron, ‹http://www.misawa.af.mil/orgs/35og/13fs/history.htm›.

（42） *Annual Report to the President and the Congress*. Department of Defense, Aug. 2002, ‹http://www.defenselink.mil/execsec/adr2002/›. ワールド・トレード・センター（WTC）での犠牲者数は当初六〇〇〇人と言われたが、現在では約二七〇〇人とされている。国際法上の問題点については、松田竹男「テロ攻撃と自衛権の行使」『ジュリスト』二〇〇一年一二月一日号、『法律時報』二〇〇二年五月号の特集「九・一一テロと奪われるヒューマニティ」の各論考、本間浩「国際法からみたアメリカのアフガニスタン攻撃」山内敏弘編『有事法制を検証する――「九・一一以後」を平和憲法の視座から問い直す』（法律文化社、二〇〇二年）を参照。

（43） Condoleezza Rice, "Promoting National Interest", *Foreign Affairs*, Vol. 79, No. 1, 2000, pp. 45-62.

（44） *Quadrennial Defense Review Report*, Department of Defense, Sep. 30, 2001, p. 2, ‹http:// www.defenselink.mil/pubs/qdr2001.pdf›.

（45） 『ボトム・アップレビュー』と『第一次QDR』については、島川『アメリカ東アジア軍事戦略と日米安保体制』第一部第一章・第二章参照。

（46） *Quadrennial Defense Review Report*, 2001, p. 13.

（47） *Ibid.*, p. 27.

（48） "The President's State of the Union Address", White House News Release, Jan. 29, 2002, ‹http://

www.whitehouse.gov/news/releases/2002/01/20020129-11.html›.

(49) "US 'Evidence' of Iraq's Link with Al-Qaeda", *Financial Times*, Sep. 25, 2002, ‹http://news.ft.com/servlet/ContentServer?pagename=FT.com/StoryFT/FullStory&c=StoryFT&cid=1031119662509&p=1012571727102›; "Rice Links Al-Qaida with Iraq", AP, Sep. 26, 2002, ‹http://story.news.yahoo.com/news?tmpl=story2&cid=542&u=/ap/20020926/ap_on_go_ca_st_pe/us_iraq_al_qaida_6&printer=1›; "An Al-Qaida/Hussein Link?", *Milwaukee Journal Sentinel*, Oct. 1, 2002, ‹http://www.jsonline.com/news/editorials/sep02/84046.asp›.

(50) "Remarks by the President at 2002 Graduation Exercise of the United States Military Academy", White House News Release, June 1, 2002, ‹http://www.whitehouse.gov/news/releases/2002/06/20020601-3.html›.

(51) *Annual Report to the President and the Congress*, 2002, Department of Defense, p. 30; *The National Security Strategy of the United States of America*, White House, Sep. 20, 2002, ‹http://www.whitehouse.gov/nsc/nss.html›.

(52) "Resolution 1441 (2002)", United Nations Security Council, Nov. 8, 2002, ‹http://ods-dds-ny.un.org/doc/UNDOC/GEN/N02/682/26/PDF/N0268226.pdf?OpenElement›（邦訳は「国連 on line」の記事資料ページ ‹http://www.unic.or.jp/new/pr02-104.htm› 参照）；Executive Chairman Dr. Hans Blix, "Introduction of draft UNMOVIC Work Programme, Security Council 19 March 2003", United Nations, ‹http://www.un.org/Depts/unmovic/blix19mar.html›; "Draft Work Programme", United Nations Monitoring, Verification and Inspection Commission, Mar. 17, 2003, United Nations, ‹http://www.un.org/Depts/unmovic/documents/draftWP.pdf›. 11月の安保理ヒアリングの概要については、Cf. "Press Release SC/7666: Security Council Hears Over 60 Speakers in Two-Day Debate on Iraq's Disarmament;

Many Say Use of Force Should Be Last Resort, Others Urge Swift Action", Feb. 19, 2003, United Nations, ‹http://www.un.org/News/Press/docs/2003/sc7666.doc.htm›.

(53) "Remarks by the President in Address to the Nation", White House News Release, Mar. 17, 2003, ‹http://www.whitehouse.gov/news/releases/2003/03/20030317-7.html›; "Spain, United Kingdom of Great Britain and Northern Ireland and United States of America: Draft Resolution", Mar. 7, 2003, United Nations, ‹http://nowariraq.jca.apc.org/Data/Mar7rev.pdf›. 国際的な反戦運動の高まりについては、島川『[増補] アメリカの戦争と日米安保体制』第二部第一〇章「イラク侵攻の論理と反戦運動」参照。

(54) 『国家安全保障戦略』の論理と、イラク侵攻の理由に「専制からの民衆の解放」がつけ加えられたことについては、詳しくは島川同上書、第二部第九章「アフガニスタン侵攻とブッシュ政権の論理」、第一〇章参照。

*注記に付したURLは、資料の入手時のものである。新聞記事の日付は、印刷発行された日付ないしはホームページに掲載された日付である。通信社記事の日付は、ホームページに掲載された日付または通信社から加盟社に発信された日付である。

あとがき

二〇〇二年は、サンフランシスコ講和条約が発効し日本が独立を回復してから五〇年目にあたる、節目の年であった。また、講和条約と同時に調印された「日本国とアメリカ合衆国との間の安全保障条約」(旧安保条約)によって、「アメリカ占領軍」は「在日米軍」と名称を変えて日本に駐留することとなり、一九六〇年に改定された「新安保条約」を経て、米軍の平時駐屯体制は現在まで継続することになった。この日米軍事同盟五〇周年の年を契機として、その歴史的な実情を再確認するとともに、日米の双方にとって安保体制が果たした役割と意味を再検討しようとするシンポジウムが、南山大学アメリカ研究センターで開催される運びとなった。二〇〇二年一一月一六日に、名古屋アメリカ研究会の共催を得て行なわれたシンポジウムは、以下の内容であった。

『安保体制の中のアメリカ軍基地の役割』

司会者・河内信幸（中部大学）

① 島川雅史（立教女学院短期大学）
「『正義』から『国益』へ、そして『デモクラシーのグローバリズム』への展開
——湾岸戦争から9・11事件まで——」

② 森田英之（西南学院大学）
「朝鮮半島と日本の再武装」

③ 藤本　博（南山大学）
「ヴェトナム戦争と日米関係」

④ 宮川佳三（南山大学）
「沖縄返還と基地問題」

⑤ 中野　聡（一橋大学）
「フィリピンにおける米国基地と基地以後」

コメンテーター・三浦陽一（中部大学）

主催・南山大学アメリカ研究センター
共催・名古屋アメリカ研究会

シンポジウムでは、各報告について活発な質疑応答・意見交換が行なわれ、それぞれの報告者にとっても論点を考える上で意義深いものであった。開催の労をとっていただいた南山大学アメリカ研究センターと名古屋アメリカ研究会に感謝を申し上げるとともに、司会者・コメンテーターとして議論を掘り下げていただいた、中部大学の河内信幸、三浦陽一両氏にお礼を申し上げたい。

本書は、このシンポジウムでの報告と質疑を基にして、各報告者が担当した課題について、あらためて論文として書き下ろしたものである。シンポジウムの報告と連動する内容であるが、口頭報告のそのままの記録ではなく、書籍としての構成・内容を考慮した独立の企画とした。例えば、シンポジウムでの報告は、湾岸情勢の緊迫化という開催当時の状況から、主催者の意図として最近の事情を導入としその後時代順に振り返るという形で報告が行なわれたが、本書においてはおおむね古い時代から新しい時代へという順序となっている。

本書の執筆者五名はみな、アメリカ史・アメリカ研究を専門としている。「日米安保体制」については、日本政府の公式発表や見解は実態を反映しない「建て前」上の法技術的論理に終始する傾向が強く、むしろアメリカの政府・軍部の公式発表や秘密解禁文書などにを参照したほうが日本政府の真意も理解できるという逆転した状況がある。日本の研究者としては遺憾なことであるが、アメリカ側から見た日米安保体制という視点が有効であるゆえんである。本書は、アメリカ研究者が、アメリカ側から見た日米安保体制という視角から、そのリアルな実態を考察しようとした試みである。

また、本書の執筆者は、日米安保体制を、日米関係においてとらえるだけでなく、アメリカの世界戦略、とりわけアジア戦略というより大きな舞台の中で把握する必要があるという問題意識についても共通している。在日米軍の役割は、在韓米軍や東西対立の時期を通してフィリピンに駐屯した米軍部隊、また台湾海峡や東南アジア諸国との関係の中で、はじめてその全貌が明らかになると思われるからである。本書においても、アジア全体の中で日米安保体制を考えるということが意図されている。特に、在日米軍・米軍基地との連関が深いフィリピンの歴史について、米比関係史を専攻する中野聡氏に企画に加わっていただいたのは、この企画の中心的意図のひとつを表している。

最後になるが、出版事情の厳しい折にもかかわらず、本書の刊行を快諾していただいた社会評論社の松田健二社長と、実務を担当していただいた編集部の新孝一氏に感謝の意を申し上げたい。

編者

執筆者紹介（執筆順）

森田英之（もりた・ひでゆき）　西南学院大学
主な著作：『対日占領政策の形成――アメリカ国務省1940―44』（葦書房、1982年）、「日本占領の基本路線をめぐる『アチソン＝マッカーサー論争』について――急進改革実現の一背景」『西南学院 大学国際文化論集』14巻1号（1999年）、「アメリカ政府と民衆の天皇観の相克について」『歴史学研究』547号（歴史学研究会、1985年）など。

藤本博（ふじもと・ひろし）　南山大学
主な著作：『世紀転換期の国際政治史』（共著・ミネルヴァ書房、2003年）、「ジョンソン政権とラッセル法廷（ベトナム戦争犯罪国際法廷）」『国際政治』130号（日本国際政治学会、2002年）、G・コルコ著『ベトナム戦争全史』（共訳・社会思想社、2002年）など。

宮川佳三（みやかわ・よしみつ）　南山大学
主な著作："In Memory of Mike Mansfield,"*Nanzan Review of American Studies*,vol.23, 2002; "American Foreign and Defense Policy and Japan in the Post-Cold War Era,"*Nanzan Review of American Studies*,vol.16, 1994;「変容する冷戦構造と米ソ欧関係――封じ込め政策を超えて」『アカデミア』46号（1991年）など。

中野聡（なかの・さとし）　一橋大学
主な著作：『フィリピン独立問題史』（龍渓書舎、1997年）、「フィリピン系退役軍人差別是正運動の半世紀」五十嵐武士編『アメリカの多民族体制』（東京大学出版会、2000年）、「民主主義と他者認識：選挙制度をめぐる米比関係史に関する試論」大津留（北川）智恵子・大芝亮編『アメリカが語る民主主義』（ミネルヴァ書房、2000年）など。

島川雅史（しまかわ・まさし）　立教女学院短期大学
主な著作：『[増補] アメリカの戦争と日米安保体制――在日米軍と日本の役割』（社会評論社、2003年）、『アメリカ東アジア軍事戦略と日米安保体制――付・国防総省第四次東アジア戦略報告』（社会評論社、1999年）、W・T・ヘーガン著『アメリカ・インディアン史』第三版（共訳・北海道大学刊行会、1998年）など。

アメリカの戦争と在日米軍——日米安保体制の歴史

2003年7月25日　初版第1刷発行

編著者　藤本博・島川雅史
発行人　松田健二
発行所　株式会社社会評論社
東京都文京区本郷2-3-10
☎03(3814)3861　FAX.03(3818)2808
http://www.shahyo.com
印　刷——太平社＋平河工業社＋東光印刷
製　本——東和製本

ISBN4-7845-1430-9　Printed in Japan